# GUIDE-OR ALGÉRIEN

# 2ᵉ EDITION

# GUIDE-OR

## ALGÉRIEN

HONORÉ DES SOUSCRIPTIONS DU GOUVERNEMENT GÉNÉRAL

ET DES PRINCIPALES ADMINISTRATIONS

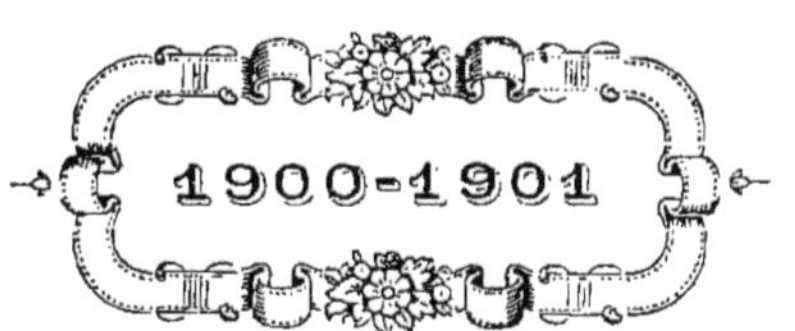


## PRIX : **0,60** CENTIMES

ALGER

IMPRIMERIE, LIBRAIRIE ET PAPETERIE
Veuve RAOUL MIAUX

1900

Années 1900-1901

2me ÉDITION

# GUIDE-OR
# ALGÉRIEN

*Publié par* CHARLES FAYE

# GUIDE OR

## ALGÉRIEN

## 1900-1901

Ce Guide renferme :

Une Notice sur Alger, ses Monuments & ses Environs.

Les Théâtres & Concerts.

Les Services Publics & Administratifs.

Les Rues d'Alger, de Mustapha et de Saint-Eugène, avec tenants & aboutissants.

Les Services des Voitures, Tramways, Omnibus, et leurs Tarifs.

Les Compagnies de Navigation.

L'Horaire des Trains.

Le Service des Postes & Télégraphes.

Le Service Maritime Postal entre la France, l'Algérie et la Tunisie.

Le Service des Colis Postaux.

Le Tarif des Bateliers & Portefaix.

Les Consulats.

Les Journaux paraissant à Alger.

Une Notice historique sur les Villes principales du département d'Alger.

Description et Notice historique sur Oran, Constantine et Tunis, ainsi que sur leurs environs.

Les Adresses des Principales Administrations d'Oran, Constantine et Tunis.

La Carte de l'Algérie.

# AU LECTEUR

En présentant le GUIDE-OR au public, nous avons voulu combler une lacune que tous les Guides parus jusqu'à ce jour avaient laissé subsister.

Qu'est-ce qu'un Guide ?

Un Guide est une source de renseignements variés et précis.

Que doit-il être ?

Pour être consulté souvent, un Guide doit être portatif, ses investigations doivent porter sur tous les sujets pouvant intéresser et le sédentaire et le voyageur. Ses renseignements doivent être nombreux, mais succintement donnés.

Pénétrés de ce qui précède, nous avons donné au GUIDE-OR un format et une couverture permettant de l'emporter facilement sur soi pendant longtemps.

Nous avons placé dans cet ouvrage toutes sortes de renseignements pratiques et aussi sûrs que possible, et nous espérons lui voir réserver bon accueil.

Encouragés du reste par les nombreuses souscriptions à l'édition précédente, entre autres celle du *Gouvernement Général de l'Algérie*, nous avons augmenté cet ouvrage de divers renseignements précis sur les principales villes des départements d'Oran et de Constantine, ainsi qu'une notice sur Tunis.

Toutefois, nous ne prétendons pas avoir fait une œuvre parfaite, et notre but étant de l'améliorer sans cesse en y apportant des changements utiles, nous serons heureux de recevoir les indications qui nous seront données et quoique tous les renseignements contenus dans ce Guide aient été pris dans des documents officiels, la Direction n'entend nullement assumer la responsabilité des inexactitudes qui auraient pu s'y glisser.

La Direction.

# DESCRIPTION

## D'ALGER

## ET SES ENVIRONS

# BAR DES LIONS D'OR

CONSOMMATIONS DE TOUTES MARQUES & DE 1er CHOIX

Spécialité de la Maison: " Petit Déjeuner du Matin "

## E. POINSOT

*Angle Square Bresson et Rue Bab-Azoun, 26, ALGER*

### Dépôt Général

DE TABACS, CIGARES ET CIGARETTES DE

## J. CLIMENT & Cie

et des Produits de Luxe de la Régie Française

ARTICLES DE FUMEURS & RÉPARATIONS

---

# A LA COURONNE DE FLEURS

## Maison FREMIN

ALGER. — Place du Gouvernement. — ALGER

### FABRIQUE FRANÇAISE DE COURONNES MORTUAIRES

### GRAND CHOIX DE COURONNES EN PERLES FINES

COURONNES EN FLEURS NATURELLES & ARTIFICIELLES
sur Commande
A DES PRIX DÉFIANT TOUTE CONCURRENCE

FANTAISIES EN PERLES FINES, GERBES,
POTS DE FLEURS, SUSPENSIONS, PALMES, ETC.

EXPÉDITIONS DANS L'INTÉRIEUR

# ALGER ET SES ENVIRONS

# ALGER

**Situation.** — ALGER (*Station hivernale*) est situé par 0'44°10" de longitude orientale et par 36° 47' 20" de latitude Nord, sur la côte septentrionale de l'Afrique, à 1,644 k. de Paris, 750 k. de Marseille, 637 k. de Tunis, 410 k. d'Oran, 422 k. de Constantine et à 660 k. de Port-Vendres.

ALGER est la capitale de l'Algérie et est le siège du Gouvernement général, d'une Préfecture, du XIX^me Corps d'Armée, d'un Archevêché, d'une Cour d'Appel et des Principales Administrations Civiles et Militaires. Elle possède en outre une Ecole Supérieure pouvant rivaliser avec les grandes facultés de la Métropole.

**Aspect extérieur.** — ALGER, vu de la mer, présente un vaste amas de constructions sur une pente exposée à l'Orient, qu'on aperçoit de fort loin.

Le premier point de la côte que l'on aperçoit est le Cap Caxine, situé à quelques kilomètres seulement de la ville ; puis la terre se dessine peu à peu et l'on peut alors voir ALGER dans tout l'éblouissement de ses blanches maisons.

A la base de la ville, se dresse la tour du Phare ; son sommet a 118 mètres au-dessus de la mer, et est couronné par le Château de la Casbah.

Le Boulevard de la République se développant au-dessus du Quai et en face du Port, dessine une succession de portiques qui s'étagent sur des rampes savamment aménagées.

A droite, la Salpétrière et l'Hôpital du Dey, ainsi que le Quartier Bab-el-Oued (Porte de la Rivière), que domine le mont Bouzaréa.

A gauche, le quartier de l'Agha. Dans cette direction, c'est-à-dire vers le sud, les coteaux du petit Sahel vont mourir aux abords de la plaine de la Mitidja et se relever pour former le Cap Matifou. De nombreuses maisons, villas et campagnes, assises sur la pente de ces collines, bordent le golfe que forme la configuration de cette côte. Une seconde chaîne de montagnes, dites de la Mouzaïa, étend un rideau continu sur le second plan, puis l'on aperçoit dans le lointain les cimes neigeuses du Djurdjura qui offrent au soleil couchant la plus merveilleuse perspective. L'œil est charmé aussi par la vue des villages déssiminés le long du rivage et qui lancent une note gaie au Touriste, amateur du beau et du grandiose.

**Quartier de la Marine.** — A partir du point où la jetée Nord se rattache à l'entrée de l'ancien port, on trouve des batteries formidables défendant la baie. Quelques peintures assez grotesques, du temps des Turcs se voient encore aux portes massives de ces fortifications ; tous ces bâtiments sont actuellement occupés par les services de la Marine Nationale.

**La Tour du Phare.** — La Tour du Phare est élevée sur les fondations de la forteresse espagnole dite le *Peñon*, prise en 1520 par Khaïr-ed-Din Barberousse. La construction actuelle est l'œuvre de son fils Hassan Pacha, en 1544. La Tour est octogone, le Phare a 35 mètres d'élévation au-dessus du niveau de la mer.

**La Casbah.** — La Casbah était devenu le lieu de la résidence du souverain d'Alger depuis la translation (novembre 1816) du siège du Gouvernement dans cette citadelle par Megheur Ali, craignant autant les conspirations que la peste qui désolait alors le pays. Ce fut dans cette forteresse que Hussein-Dey se rendit coupable envers la France de l'injure qui amena son expulsion. On ne trouve guère plus de vestiges de son séjour dans cet édifice qui est devenu une caserne. La porte du château existe encore, bordée de tôle peinte et fermée par une chaîne avec cadenas suivant l'usage des Maures.

Elle est surmontée d'une inscription arabe et d'une galerie mauresque en bois où brûlait le fanal et se déployait le drapeau, double emblème de la puissance souveraine. Dans ce château se trouvait le salon des miroirs où 80 pendules sonnaient midi pendant une heure.

Le Quartier de la Casbah est très curieux à visiter par lui-même, avec ses petites rues aux maisons paraissant vouloir se soutenir entre elles et ne laissant passer le soleil que par intervalles. Les façades sont entièrement blanchies et c'est ce qui a fait donner à la ville, le nom de « *Alger la Blanche* ».

**Fort Bab-Azoun.** — Situé à l'extrémité des quais, ce fort fût construit par Hassan Pacha en 1852, avec les ruines de *Rusgunium*. Le Dey Mustapha le fit agrandir en 1798, mais il fut complètement restauré en 1816 par des officiers du Génie, exilés de France pour cause politique.

**Place Bab-el-Oued.** — Est un champ de manœuvres militaire, au bord de la mer. Un arsenal qui s'y trouvait, ayant été enlevé, a laissé un terrain libre aux promeneurs.

C'est là que se trouvait le fort des 24 heures, ainsi nommé du temps qu'y passaient au corps de garde les Janissaires chargés de sa défense. Ce petit château mauresque avait été bâti en 1569 par le Pacha Ali El Euldje. Ce fut le 27 septembre 1853 qu'il fut démoli, et c'est dans ce travail qu'on découvrit, bâti dans une muraille, un squelette humain, qui fut reconnu pour être la dépouille d'un jeune Arabe nommé Géronimo, sacrifié pour sa foi en Jésus-Christ, et maçonné dans le mur le 18 septembre 1569, ainsi que l'indiquait l'historien espagnol Haedo. Monseigneur l'Evêque d'Alger fit transporter solennellement ces dépouilles dans la Cathédrale, le 28 mai 1854.

**Place d'Isly.** — Est entourée par quelques bâtiments sans conséquence, entre autres le Mont-de-Piété, le Quartier général du XIXᵉ Corps d'Armée. Au milieu de cette place s'élève la statue du maréchal Bugeaud en costume de guerre, et faisant face à la Ville.

**Palais Consulaire.** -- Placé sur le Boulevard de France, paraît dominer le port ; c'est un édifice somptueux, qui fut construit en 1892. On remarque sur sa façade des motifs de sculpture qui symbolisent l'Industrie et le Commerce. Le Tribunal de Commerce possède ses salles d'audience au premier étage. Le rez-chaussée est occupé par les bureaux des Postes et Télégraphes et par ceux des Syndics et Courtiers de commerce. La Bourse du Travail, ainsi que l'Imprimerie Veuve RAOUL MIAUX occupent le sous-sol.

**Chapelle Anglicane.** -- Est située près les Portes d'Isly ; elle est coquettement édifiée. Le service religieux s'y fait deux fois par semaine ; sa décoration en est des plus recherchées.

**Place du Gouvernement.** — La Place du Gouvernement est le centre habituel des affaires ; c'est sur cette place que se trouve la statue équestre du Duc d'Orléans, due au ciseau de Marochetti ; elle fut érigée en 1845. Le socle est orné de bas reliefs représentant la prise de la citadelle d'Anvers et le passage du col de la Mouzaïa. On y lit l'inscription suivante : *L'Armée et la Population d'Alger au Duc d'Orléans, prince royal.*

**Mosquée de Djema-Kébir.** — Cet édifice est le plus important d'Alger consacré au culte musulman. Il est situé dans la rue de la Marine. On peut y voir les grandes galeries d'arcades dentelées qui sont d'un très bel effet.

Il ne reste guère plus qu'une vingtaine de mosquées.

**Théâtre Municipal.** — A été édifié sur la place Bresson, après l'incendie de 1882, qui n'en avait laissé que les murailles ; il fut reconstruit un an après par M. Oudot.

**La Cathédrale.** — Sur la place Malakoff. Son portail est décoré de 4 colonnes de marbre noir, veiné de blanc ; pour y aboutir, il faut gravir vingt-trois marches de granit ; la voûte de la nef en stuc, sculptée par Fulconis et Latour, est soutenue par des colonnes de marbre blanc dans le genre mauresque. Ces appuis soutenaient le dôme de l'ancienne mosquée située au même endroit (la Djerna Ketchaoua) ; le grand autel, au milieu d'un chœur, est décoré de 4 grandes colonnes en marbre gris avec bases en porphyre et chapiteaux en albâtre. Au chevet de l'Eglise se trouve la chapelle de la sainte Vierge, où une statue de bois, délicatement travaillée, est couronnée d'un diadème d'argent repoussé, rapporté de Sébastopol par M. le Chanoine G. Stalter. L'on trouve aussi d'autres chapelles dont les autels sont en marbre blanc et des vitreaux habilement peints. Dans une d'entre elles, s'élève le tombeau en marbre blanc du vénérable Géronimo. On y lit cette inscription en lettres d'or :

OSSA

VÉNÉRABILIS SERVI DEI GERONIMO

QUI

ILLATAM SIBI PRO FIDE CHRISTIANI MORTEM APPETHSSE

TRADITUR

IN ARCE DICTA A VIGINTI QUATUOR HORIS

IN QUA INSPERATO REPERTA

DIE XXVII DECEMBRIS ANNO MDCCCLIII

Ce qui signifie :

Ossements de Géronimo, vénérable serviteur de Dieu, qui, pour la foi chrétienne, a souffert volontiers la mort, selon la tradition, au Fort des 24 heures où ses restes ont été retrouvés d'une manière inespérée le 27 septembre 1853.

Deux plaques de marbre encastrées dans le mur des deux côtés du tombeau, portent, l'une la copie gravée de la bulle qui donne introduction au procès de la béatification du vénérable Géronimo, l'autre les noms des Commissaires d'enquête qui ont vérifié l'identé des restes du martyr.

**Palais d'Hiver du Gouverneur Général. —** Le Palais d'Hiver du Gouverneur Général est situé à droite de la Cathédrale. Son installation a été faite dans des maisons mauresques et dont certains détails d'architecture sont remarquables.

**Archevêché.** — L'Archevêché s'élève aussi sur la place Malakoff, en face la Cathédrale Saint-Philippe. Il est aussi construit dans le style mauresque ; à l'intérieur se trouve une superbe balustrade située au premier étage. L'intérieur de ce palais est tout en *marbre blanc*.

A citer encore comme monuments : le Lycée, qui se trouve en face de la caserne du Génie, a l'extrémité de la rue Bab-el-Oued. — L'Eglise St-Augustin, située rue de Constantine. — L'Hôtel du Premier Président, ainsi que celui de la Subdivision. — Le Palais de Justice. — L'Hôtel du Trésor. — Le Temple protestant. — L'Eglise Notre-Dame-des-Victoires.

Comme mosquées, celles de : Djama Djedid, c'est son minaret qui contient l'horloge de la Ville. — La Zaouïa ou chapelle de Sidi-Abderhaman-el-Tsalebi qui domine le Jardin Marengo et sert de pèlerinage aux femmes indigènes qui ont la plus grande confiance en ce saint qui y est enterré.

Citons la Bibliothèque-Musée, rue de l'Etat-Major, qui contient des collections de médailles dignes d'être vues.

# PROMENADES ET EXCURSIONS

AQUEDUCS DU TÉLEMLY — BOUZARÉA. — BOIS DE
BOULOGNE.
BIRMANDREÏS — BIRKADEM.
BLIDA (LES GORGES DE LA CHIFFA).
CHÉRAGAS — CAP CAXINE (LE PHARE) — CHERCHELL.
COLÉA — EL-BIAR.
FONTAINE-BLEUE — FORT DES ARCADES.
FONTAINE FRAÎCHE — FORT DE L'EMPEREUR.
FRAIS-VALLON — JARDIN MARENGO.
GUYOTVILLE — HAMMAM-R'HIRA — KOUBA.
MUSTAPHA-SUPÉRIEUR
NOTRE-DAME-D'AFRIQUE (LA BASILIQUE).
PALAIS D'ÉTÉ DU GOUVERNEUR.
POINTE-PESCADE.
RAVIN DE LA FEMME-SAUVAGE.
SIDI-FERRUCH. — TIPAZA (TOMBEAU DE LA CHRÉTIENNE).
TRAPPE DE STAOUÉLI — VALLÉE DES CONSULS.

**Agha.** — Petite localité entre Mustapha et Alger, sur la ligne du P.-L.-M. d'Alger à Oran. C'est là que se trouve le Lazaret (Prison des femmes). Sur le bord de la mer, à l'embouchure du vallon dit Aïn-Rebot, l'on pouvait voir un ancien aqueduc réparé par les Maures. Là fut écrasé le dernier effort de Charles-Quint qui accourait au secours de 120 chevaliers de Malte, repoussés des abords de la porte Bab-Azoun dans la matinée du 26 octobre 1541. — De nombreux tramways sillonnent l'artère principale dénommée rue Sadi-Carnot et qui va jusqu'à Mustapha.

**Alma.** — Est située auprès des rives du Bou-Douaou, sur la route de Dellys à Alger, à 36 kil. de cette ville. Un brillant combat de 950 Français contre 6,000 Arabes eut lieu dans cette localité le 25 mai 1839. Aux environs, se trouvent le bois sacré d'oliviers, un camp romain de Kara Moustafa, les ruines de Djelloula.

L'Empereur est passé dans cette commune le 24 mai 1865, se dirigeant sur Fort-Napoléon.

**Ben-Haroun** (Dép. d'Alger). — Sur la ligne de Constantine, à 105 kil. d'Alger, desservi par la gare d'Aomar Dra-el-Mizan. Sources minérales réputées, similaires aux eaux de Vichy et de Vals ; l'une d'elles a un débit de 20.000 litres par 24 heures. Céréales et vins très estimés. Les sources sont situées près du Marabout de Sidi K'assen ben Haroun, très vénéré, et qui a laissé son nom au pays ; bois sacré et bosquets charmants. On a découvert, en recapant les sources, diverses antiquités qui prouvent que les Romains appréciaient jadis les Eaux de Ben-Haroun, comme les Européens les apprécient actuellement. Excursion recommandée ; situation pittoresque d'où la vue s'étend sur la vallée de l'oued El-Djededa et tout le massif du Djurdjura couronné de neige l'hiver. Cette station thermale est appelée à un très grand avenir ; ses eaux, comme température, minéralisation et dosage d'acide carbonique, rivalisent avec les eaux les plus réputées.

**Birkadem.** — Est situé à 10 kil. Est d'Alger, dans un vallon du Sahel, au-dessous d'un ancien camp assis sur un mamelon. La localité de Birkadem *(le Puits de la Négresse)* — ainsi nommé à cause des apparitions fréquentes d'une femme noire sortant d'un puits et se promenant aux environs — fut couverte, dans les premières années de l'occupation, par un camp qui reliait Dely-Ibrahim à Maison-Carrée et à la Ferme Modèle par Tixeraïn et Kouba et faisait en ce lieu une position centrale qui fermait l'ancienne route d'Alger à Blida.

**Birmandreïs.** — Est un joli village, entre deux hauts mamelons couronnés d'arbres, qui se trouve à 7 kil. Sud d'Alger. A y remarquer le vallon de la Femme-Sauvage. Sur le chemin, à 210 mètres au-dessus du niveau de la mer, s'élève une colonne en pierre en mémoire de l'ouverture de cette route en 1834 par l'armée, sous les ordres du général Voirol. Sur la route de Birmandreïs à Alger l'on peut voir de sculpté, Adam et Ève, le serpent, une croix, des cœurs. Un service de voitures dessert ce coquet village que les visiteurs ne manqueront pas d'aller voir.

**Blida.** — Est située par 0°30' de longitude Ouest et 36°28' de latitude Nord, à 48 kil. Sud d'Alger, au pied du Petit Atlas ; une ceinture de verdure l'entoure en toutes saisons ; elle semble perdue dans une forêt d'orangers. Blida fut écroulée pendant le tremblement de terre du 2 janvier 1867 où tout fut démoli.

A visiter le Bois-Sacré (corruption du nom arabe *Bou-Sekri*), surtout le jour du pèlerinage des tribus.

De Blida l'on peut aller voir les gorges de l'Oued-Kebir, la forêt de Talazid.

**Boufarik.** — Boufarik est situé à 13 kil. Nord de Blida et à 35 kil. Sud d'Alger, au centre de la Mitidja. Boufarik fut traversé par l'armée française en 1830 ; il n'était qu'entouré de marais, ce n'était qu'un fourré qui fut fouillé en 1832 par nos soldats qui en débusquèrent l'ennemi. De nombreux colons y trouvèrent la mort à cause des fièvres occasionnées par ces marécages ; actuellement le pays est assaini, et c'est un des endroits les plus florissants de la plaine de la Mitidja. Sur la place principale, se trouve érigée la statue du Sergent Blandan, inaugurée le 1er mai 1887. Comme exploitations agricoles, nous pouvons citer la ferme de M. Chiris et celle de M. Gros, maire de la commune, ainsi que les pépinières du camp d'Erlon.

**Bouzaréa.** — Est un village situé à 6 kil. Nord-Ouest d'Alger, sur une montagne élevée à 407 m. au-dessus du niveau de la mer ; c'est là que se trouve la Vigie d'où la vue s'étend sur un espace de 600 lieues carrées. Service spécial de voitures publiques.

**Cherchell.** — Cherchell est à 14 lieues marines d'Alger. Lorsqu'on vient de l'Est, on peut en reconnaître la position à six ou huit milles avant d'y arriver, à une pointe basse et longue à 350 m. loin de laquelle est un petit ilot couronné par une fortification. Sur la hauteur se trouve la batterie Joinville. Les environs présentent un point de vue agréable sous le rapport de la végétation. Au milieu du port, lorsque la mer est calme, on peut voir des ruines romaines, que la mer a couvertes. Cherchell est l'*Iol* des Carthaginois que Juba II embellit et la capitale de la Mauritanie Césarienne. On trouve encore à l'Est les restes d'un cirque où Sainte Marciane a été livrée aux bêtes féroces et où les époux Saint Séverin et Sainte Aquila ont été brûlés vifs. Au centre de la ville, près des Ruines du Palais des Proconsuls, les restes d'un théâtre, où Saint Arcadius a été coupé en morceaux. L'on peut voir les restes intéressants des bains à ciel ouvert consacrés à Diane ; au Nord du phare, un temple de Neptune. On a construit un hôpital pour lequel on a fait servir 100 colonnes de granit vert d'un temple romain.

**Dellys.** — Est situé à 14 lieues marines Est d'Alger. La pointe de Dellys est longue et couverte de tombeaux que domine un marabout. Dans l'intérieur, vers le Sud-Est, une montagne nommée le Pic des Bénisliem, présente à son sommet une excavation semblable au cratère d'un volcan. Les Ruines romaines que l'on y a trouvées démontrent qu'il occupait l'emplacement de la colonie désignée par Antonin sous le nom de *Rusuccurus*.

On a découvert, le 31 décembre 1857, un sarcophage en marbre blanc qui est déposé au Musée d'Alger. Le pays est des plus sains et des plus pittoresques ; des sites variés rendent la promenade délicieuse.

Dellys est desservi par les C. F. R. A.

**Dely-Ibrahim.** — Est à 11 kil. d'Alger, situé sur un plateau élevé de 200 a 275 mètres au-dessus du niveau de la mer ; il forme un poste d'observation naturel. Il a été fondé en 1832 par des colons alsaciens. Un service de voitures partant d'Alger a lieu deux fois par jour.

**El-Biar** (*Les Puits*).— A 6 kil. Sud-Ouest d'Alger, sur le Sahel. Un ruisseau qui nait sur la pente orientale de ce point élevé forme l'Oued-Khemis qui, des coteaux de Mustapha, descend à Birmandreïs et gagne Hussein-Dey en traversant le Ravin de la Femme-Sauvage.

C'est sur son territoire que se trouve le fort l'Empereur ou Sultan Kalassi, bâti en 1545 par Hassan, successeur de Kheïr ed Din, au sommet du Coudiat-el-Seboun (*Colline du Savon*), sur les lieux mêmes où Charles-Quint s'était établi avec son artillerie, le 25 octobre 1541, et qu'il quitta pour rejoindre sa flotte ralliée à Matifou. Ce fort, froudroyé, fut réparé en 1742, mais le 4 juillet 1830, une batterie établie sur un terrain de la campagne aujourd'hui Notre-Dame-Montfort, fit sauter la tour renfermant la poudrière ; peu de temps après, le général de Bourmont y recevait la capitulation du Dey d'Alger. A visiter les environs d'El-Biar, le site du Frais-Vallon avec ses sources ferrugineuses et alcalines.

**Fort-de-l'Eau.** — A 18 kil. d'Alger. A son climat très

salubre, près le village est le fort turc Bordj-el-Kifan, bâti au bord de la mer par Djaffar Pacha en 1581, et qui sert actuellement de caserne de Douanes. Une colonne commémorative de la prise du Fort-de-l'Eau par la Légion Etrangère se trouve à 20 mètres du fossé d'enceinte. Comme inscription, sur cette colonné l'on peut y lire : « Légion Etrangère 1831 » — De nombreuses villas se dressent au-devant de la plage ; un Casino y est même fondé et d'ici peu Fort-de-l'Eau sera l'endroit le plus recherché, grâce aux savants aménagements qui y ont été faits, et grand nombre d'étrangers iront prendre leurs ébats sur cette magnifique plage.

**Guyotville** (ou Aïn-Benian) à 14 kil. d'Alger, est une des plus pittoresques de la province d'Alger. Sur le plateau, on voit une centaine de dolmens que l'on croit être les tombeaux d'une légion Armoricaine qui aurait campé aux environs de cette position élevée. Il y a aussi des ruines romaines au Cap Elk Mateur.

**Hammam-R'irha.** — L'établissement thermal d'Hammam-R'irha, qui appartenait autrefois à M. Arlès Dufour, est depuis bientôt trois ans la propriété d'un grand établissement financier, *le Crédit Foncier et Agricole d'Algérie,* qui a fait de très grands sacrifices pour compléter l'installation balnéaire et procurer aux malades et aux touristes toutes les distractions et le confort désirables.

Hammam-R'irha, connu autrefois sous le nom de *Aquæ Calidæ,* ville romaine dont il reste encore des vestiges, est situé à quatre heures d'Alger. sur la ligne d'Alger à Oran, à 12 kil. de la gare de Bou-Medfa.

Une des grandes séductions d'Hamman-R'irha, c'est le paysage qui l'encadre, ce sont les belles excursions qu'on peut faire dans toutes les directions aux environs, soit à pied soit à cheval. Aux pieds de l'hôtel court, de l'ouest à l'est, la vallée de l'Oued-Hammam. En face, sur l'autre versant, s'aligne la colline qui porte le village de Vesoul-Benian. Au-delà, vers le sud, les hauteurs du Petit Atlas, étageant leurs chaînons du côté de l'est où ils forment l'horizon, la masse du Zaccar qui atteint près de 1500 mètres d'altitude, avec pitons couverts de broussailles et de pins d'Alep, qui viennent rejoindre les collines d'Hammam-R'irha ; dans ses replis. des gorges profondes où courent des torrents tributaires de l'Oued-Hammam.

L'aspect général de la contrée est absolument celui des hautes terres d'Ecosse. Quand on parcourt, en février, les collines d'Hammam-R'irha, sous les chauds rayons du soleil tempéré par une brise rafraîchissante, on retrouve là si exactement les impressions du touriste sur les hauteurs des comtés de Perth ou d'Argyle, que l'on a fort à faire à se convaincre qu'on n'a pas été soudainement transportés d'Algérie en Ecosse.

**Hussein-Dey.** — A 7 kil. d'Alger, desservi par la C<sup>ie</sup> des chemins de fer P.-L.-M. et par les tramways électriques, tire son nom de celui du dernier pacha d'Alger qui possédait la maison qui sert aujourd'hui à entreposer les tabacs achetés par l'Etat pour la Métropole. Ce fut là qu'en 1516 débarqua Diégo de Vera, mais qui dût reprendre la mer après avoir vu sa flotte détruite par la tempête ; plusieurs centaines d'Espagnols furent faits prisonniers et restèrent aux mains des ennemis.

O' Keilly vint y débarquer après avoir bombardé les batteries de l'Harrach et du Khemis pendant 7 jours durant, mais il ne fut pas plus heureux et fut obligé de reprendre la mer après avoir abandonné à l'ennemi plusieurs milliers d'hommes et une quantité considérable de matériel de guerre.

Une troisième expédition dirigée par Charles-Quint vint y débarquer, mais ne fut pas plus heureuse. Dans ce combat, 200 Turcs environ furent tués et enterrés au pied de la batterie qu'on nomme encore aujourd'hui Toppanat-el-Moudjehadin *(Batterie des Champions de la Guerre sainte)*.

**Koléa.** — A 38 kil. Ouest d'Alger, sur un plateau élevé à 150 mètres au-dessus de la mer, présente le tableau le plus champêtre et le plus paisible que l'on puisse désirer. Dans le tremblement de terre qui eut lieu en 1825 et bouleversa la Mitidja, Koléa s'écroula tout entier et seul un marabout resta immobile. Ses environs sont très fertiles ; une ceinture de feuillage entoure la ville.

**Kouba.** — Est située à 8 kil. d'Alger ; elle doit son nom à la Kouba (tombeau) édifiée en 1513 par Hadj Pacha, qui sert actuellement de chapelle au Grand Séminaire. Elle offre un des panoramas des plus admirables. Sur la place de la Mairie s'élève la statue du général Margueritte, coulée en un beau bronze de 3 mètres de haut. Cette œuvre est due au ciseau du sculpteur Albert Lefeuvre.

**Maison-Carrée.** — A 12 kil. Ouest d'Alger, sur la ligne du P.-L.-M. d'Alger à Oran, est desservie aussi par la Compagnie C.-F.-R.-A., possède un des marchés des plus fréquentés. Elle portait le nom de Bordj-el-Kantara (Fort-du-

Pont) et Dra-el-Harrach (Bras de l'Harrach). Elle a été construite en 1724, pour former un poste fortifié d'où l'Agha s'élançait sur les tribus pour leur faire payer l'impôt. En 1830, le Génie militaire l'appropria à la défense du passage de l'Harrach et à la surveillance de la partie Est de la Mitidja que ce fort domine. Aujourd'hui le Bordj est devenu une prison et un dépôt de forçats.

**Marengo.** — A 89 kil. d'Alger (par El-Affroun) et à 79 kil. (par Koléa), a été créé en 1848 par le corps du Génie sur le territoire de la célèbre tribu guerrière des Adjoutes  Non loin du village existent des ruines romaines intéressantes.

**Matifou.** — A 27 kil. d'Alger. A un quart d'heure de marche, vers le Sud, s'étendent les ruines de *Rusgunium*, ville romaine, dont les débris servirent à la construction de quelques vieux édifices d'Alger. On voit encore des voûtes, restes d'anciens bains, des tronçons, des colonnes, des mosaïques. Au Nord-Est, un beau mouillage pour les navires ; c'est là que Charles-Quint rembarqua les débris de son armée sur la flotte de Doria, en 1541, et jeta de dépit sa couronne à la mer,

**Médéa.** — A 35 kil. Sud de Blida et 84 kil. Sud d'Alger, est assise sur un plateau incliné au revers du Nador ; ses maisons s'échelonnent sur cette pente et jusqu'à son sommet qui s'élève à 940 mètres au-dessus du niveau de la mer. Des minarets élégants dominent la ville.

**Miliana.** — Situé par 0° 6' de longitude occidentale et 36° 19 de latitude septentrionale, dans l'intérieur de l'Algérie, à 75 kil. Ouest-Sud-Ouest de Blida, et à 124 kil. Sud-Ouest d'Alger. Elle a un aspect pittoresque dû aux magnifiques plantations qui bordent ses principales rues. Les Romains ont habité longtemps Miliana, et fut très florissante. Le 8 juin 1840, les Français y entrèrent et trouvèrent la ville abandonnée. La garnison qu'on y laissa fut assaillie et bloquée par Abdelkader. L'Empereur est venu dans cette ville le 7 mai 1865.

**Mustapha.** — A 2 kil. 500 d'Alger, en est la plus rapprochée. Elle paraît n'en être qu'un faubourg, couverte de charmantes maisons de campagne ; son territoire longe la plage en s'étageant sur la colline où de splendides hôtels y sont bâtis avec le meilleur confortable utile aux nombreux voyageurs et touristes qui y séjournent. L'air y est des plus sains ; une vue magnifique s'étend sur la mer d'où l'on peut apercevoir à l'horizon les navires des différentes Compagnies de Navigation nous apportant grand nombre de voyageurs venant respirer l'air pur de cette charmante cité. La position la plus remarquable est celle où fut inhumé le Général Iusuf, dans un pavillon en style oriental et qui mourut à Cannes (Alpes-Maritimes) le 16 mars 1866. Comme monuments à visiter, citons d'abord le Palais d'Eté du Gouverneur Général, remarquable à son entrée par les divers bustes représentant les gouverneurs qui y ont séjourné. En face, au milieu de jardins magnifiques, se trouve le Musée national d'Alger.

Dans Mustapha-Inférieur, sillonné de tramways électriques, l'on peut se rendre compte de la belle végétation du Jardin d'Essai. En face, se trouve un restaurant dénommé l'Oasis des Palmiers, où chaque jour l'on peut voir grand nombre de personnes aller se divertir.

Citons encore le Vélodrome, lieu où se réunissent les meilleurs sportmens ; l'on peut assister en outre à de grandes séances de patinage, ainsi qu'à des courses vélocipédiques. N'oublions pas non plus le champ de courses de la Société Hippique.

**Orléansville.** — A 210 kil. d'Alger, est de construction toute française, située sur la rive gauche du Chéliff : de belles constructions, vues de loin, lui donnent l'aspect d'une grande ville de France. Elle est fondée sur l'emplacement de l'ancienne ville romaine nommée par Antonin, *Castellum Tingitanum.* De nombreuses ruines, des ouvrages de sculpture chrétienne y ont été découverts. Elle a été occupée définitivement par l'armée le 29 avril 1843. Se trouve sur la ligne Alger-Oran.

**Pointe-Pescade** *(Mers-el-Lebban)*(Port-aux-Mouches). — Localité située à 6 kil. au Nord d'Alger, répend ses habitations sur un territoire raviné et incliné au Nord-Ouest vers la mer. C'est un lieu de rendez-vous pour les amateurs de pêche qui vont y passer leur journée loin des bruits de la ville.

Le décret du 5 mai 1866 a réuni cette section rurale a Saint-Eugène Une vaste construction à l'aspect sévère a été, dit-on, la maison de campagne de Barberousse. La Compagnie des C.-F.-R.-A. dessert cette localité.

**Rovigo.** — A 30 kil. d'Alger, entre l'Arba et Souma. A 2,700 mètres du village, sur la rive gauche de l'Harrach, sont les sources d'Hammam-Mélouan, d'une efficacité constatée dans les maladies de la peau, les rhumatismes, maladies du foie.

**Saint-Eugène.** — Jolie commune composée de maisons

de plaisance construites à la française. Sur le coteau l'on voit des campagnes à habitations mauresques du plus bel effet.

Contre le fort des Anglais, on remarque le château des Tourelles. Sur la hauteur est l'ancien consulat de France où existe en ce moment le Petit Séminaire.

C'est sur la proéminence que fut bâtie, le 20 septembre 1857, la chapelle de Notre-Dame-d'Afrique ; c'est un grand édifiee dont la gracieuse silhouette se dessine sur un des contreforts du mont Bouzaréa. On l'aperçoit de fort loin en mer.

**Sidi-Ferruch.** — Est une pointe à 25 kil. Ouest d'Alger, s'avançant a 1,100 mètres dans la mer. C'est dans la baie que débarquèrent les Français, le 14 juin 1830. Ils y trouvèrent une mosquée renfermant les restes d'un marabout qui donne son nom à la localité, et une petite tour carrée bâtie par les Espagnols et nommée par eux, *Torre chica.*

Une belle caserne a été érigée. La porte monumentale de cet édifice est ornée de trophées de la paix et de la guerre.. Sur une large table de marbre, se trouve cette inscription :

*ICI*

*Le 14 Juin 1830, par l'ordre du Roi Charles X,*
*sous le commandement du Général de Bourmont,*
*l'Armée Française vint arborer ses Drapeaux*
*rendre la liberté aux mers,*
*donner l'Algérie à la France*

Dans les premiers jours de janvier 1846, Monseigneur Dupuch, premier évêque d'Alger, a découvert sur un lieu élevé au bord de la mer la massue hérissé de pointes de fer de Saint Jannarius et le *vas sanguinis* de ce martyr sacrifié.

C'est dans le fort actuel de Sidi-Ferruch que l'on a incarcéré Max Régis, le chef antisémite algérien, pour purger des condamnations politiques.

**Staouëli.** — Est une plaine de 48 kil. carrés. C'est là

que les Français, après leur débarquement, livrèrent la bataille qui leur a ouvert la conquête de l'Algérie. Une croix de fer, sur un socle de pierre, indique ce lieu mémorable. Les Révérends Pères Trappistes ont obtenu une concession pour y fonder un monastère dont l'Évêque d'Alger a posé la première pierre le 14 septembre 1843, sur un lit de boulets ramassés à l'endroit même qui fut le théâtre du combat. Les voyageurs y sont reçus tous les jours. Les dames seules n'y sont pas admises et restent dans l'hotellerie.

La commune de Staouëli est desservie par un service de voitures et par la C$^{ie}$ du C.-F.-R.-A.

**Ténès.** — Est situé sur la côte septentrionale de l'Afrique, à 263 kil. d'Alger. Le nouveau Ténès, situé au bord de la mer, occupe l'emplacement d'une colonie romaine qui portait le nom de *Carteniæ*. L'on y a trouvé un grand nombre de médailles à l'effigie de l'Empereur Constantin.

C'est à la gare d'Orléansville qu'il faut prendre la correspondance pour Ténès.

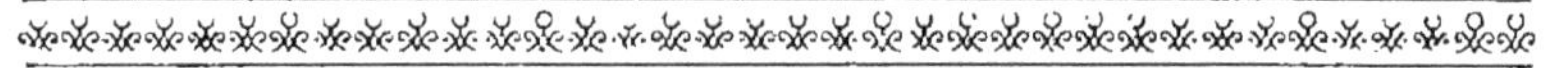

# CONCERTS

# THÉATRES

# SPECTACLES

# ADRESSES

## DES PRINCIPALES ADMINISTRATIONS

## CIVILES ET MILITAIRES

### VILLE D'ALGER

Académie d'Alger, Camp d'Isly.
Banque de l'Algérie, boulevard de la République, 6.
Banque Deglaire, rue Colbert, 2.
Bâtiments diocésains, Cathédrale.
Bibliothèque-Musée, rue de l'Etat-Major.
—     Communale, Hôtel-de-Ville, boulev. de la République.
—     de l'Enseignement, boulevard Gambetta, 4.
—     du Gouvernement, rue Bruce, 4.
—     de la Cour d'Appel, rue de Constantine, Palais de Justice
—     universitaire, Ecoles Supérieures, Camp d'Isly.
Bourse du Commerce, boulevard de France.
—     du Travail, sous-sol du Palais Consulaire, rampe de la Pêcherie.
Bureaux de l'Etat-Major de la Division, rue de Constantine, 14.
—     des renseignements généraux, rue Bruce.
—     de bienfaisance européen, rue Macaron.
—     —     mu-ulman, rue des Abdérames.
Caisse d'Epargne, rue Saint-Louis (*Mairie*).
Cercle militaire, place de la République.
Grand Cercle, passage Sarlande.
Cercle d'escrime, rue Combes, 2.
—     d'Alger, rue Combes, Café de Bordeaux.
—     Républicain, passage Duchassaing.
—     du Commerce, rue Littré.

Chambre de Commerce, Bourse, boulevard de France.
Chemins de fer P.-L.-M., direction : rue de la Liberté, 3.
— E.-A., direction : rue Ménerville, 6.
— C.-F.-R.-A., direction : rue d'Isly, 35, et rue Alfred de Musset, 21, à Mustapha.
Compagnies des Chemins de fer (gare des), sur le Quai sud.
Comice agricole d'Alger (Réunions du) Mairie, boulevard de la République.
Comité d'Hivernage, rue Combes.
Compagnie Algérienne, boulevard de la République et rue Littré, 1.
Commissariat central, rue Scipion, 3.
— du 1er arrondissement, rue Amiral-Pierre, 2.
— du 2e — rue Marengo, 29.
— du 3e — rue Scipion.
— du 4e — rue Rovigo, 12.
— du 5e — faubourg Bab-el-Oued.
— de la sûreté, à la Préfecture.
Conseil supérieur de Gouvernement, rue Bruce, 3.
Conseil général, rue de la Charte.
Conseil de Gouvernement, rue Bruce, 3.
Conseil de Préfecture, rue d'Orléans.
Conseil des Prud'hommes (Bourse), boulevard de France.
Contributions directes, rue d'Isly, 44.
Contributions diverses : Direction, rue Bab-Azoun, 11.
— Recette de la Ville, r. Dumont-d'Urville, 12.
— Recette, banlieue nord, rue du Divan, 6.
— Recette, banlieue sud, rue de Tanger, 19.
— (Contrôle sud), rue Dumont-d'Urville, 12.
— (Contrôle nord), rue de la Liberté, 28.
Crédit algérien, rue Clauzel, 6.
Crédit foncier et agricole de l'Algérie, boulevard de la République, 8.
Crédit Lyonnais, boulevard de la République (Maison Aboucaya).
Douanes (Direction des), boulevard de France (Maison Villenave)
— (Inspection), Bureaux sur le Quai.
— (Caserne), rue de Constantine.
Direction des Tabacs, rue Daguerre, Mustapha.
Dépôt de Mendicité (Beni-Messous), route d'El-Biar.
Ecole de Médecine et de Pharmacie, Camp d'Isly.
— de Droit, d'Enseignement supérieur, Camp d'Isly.
— des Beaux-Arts, rue d'Orléans, 25.
— des Sciences, rue Michelet.
— des Lettres, rue Michelet.
Enregistrement, Domaines et Timbres :
Direction, rue du Soudan, 1.
Bureau des Actes civils et sous-seings privés, rue de la Lyre, 46.
Bureaux des Actes judiciaires, rue d'Isly, 6.
— des Actes extra-judiciaires, bard Carnot, 22.
Bureaux des Actes du Timbre, des Actes administratifs, rue d'Isly, 22.
Bureaux des Actes, Domaines, rue d'Isly, 11 bis.
Bureaux des Actes des Hypothèques, rue de Constantine 30.
Bureaux des Actes des Justices de Paix, boulevard Gambetta, 3.
Finances (Inspection générale), Hôtel du Trésor, boulevard Carnot.
Forêts (Conservation) rue de Strasbourg, 2. — Bureaux : r. d'Isly, 25.
— Inspection : rue de Bône, 2.
Gouvernement général, rue du Vieux-Palais.
Hôtel du Trésor, boulevard Carnot.
Hôpital civil, Mustapha-Inférieur (près Alger).

Lycée national, place Bab-el-Oued.
Ligue de l'Enseignement, boulevard Gambetta.
Mairie et Conseil municipal, boulevard de la République.
Maison de force et de correction, Agha (près Alger).
Mines et Forages, rue Rovigo, 13.
Mont-de-Piété, place d'Isly et rue du Marché.
Musée des Antiquités Africaines, Mustapha-Supérieur, Chemin du Télemly.
Observatoire d'Alger, Bouzaréah.
Palais d'hiver du Gouverneur Général, place Malakoff.
Palais d'Eté          —          —          Mustapha-Supérieur.
Petit Lycée (Ben-Aknoun), à El-Biar.
Poids et Mesures, boulevard de France, maison Villenave.
Pompes à incendie, rue Bruce, en face la Direction générale.
          —          Halles aux huiles, place Marguerille.
          —          faubs Bab-el-Oued, Groupe Scolaire (rue de Châteaudun)
Ponts et Chaussées, Ingénieur en chef, rue d'Isly, 53.
          —          Ingénieur ordinaire, rue Tivoli, 1.
          —          Ingénieur faisant fonctions d'Ingén. du port, Amirauté.
          —          Ingénieur ordinaire, rue Joinville, 8.
Postes, Hôtel du Trésor, rue de Strasbourg.
     —     Succursale, boulevard de France.
Préfecture, place Soult-Berg.
Prison civile, Casbah.
Recette municipale, rue Saint-Louis (*Mairie*).
Service du Pilotage, rue Amiral-Pierre.
Service du Port de Commerce, Quai de la Santé.
Service sanitaire, à la Santé, Quai.
Service Topographique (direction du) rue d'Isly, 30.
Service Météorologique (*Mairie*).
Société d'Agriculture (siège de la), Palais Consulaire.
     —     Hippique, rue Arago, 2.
     —     de Tir d'Alger, rue Lamoricière, 1.
     —     des Beaux-Arts, rue du Marché, 2.
     —     protectrice des Animaux, rue Michelet, 19, Mustapha.
     —     Club Alpin, rue Vialar, 1.
     —     la Famille, place Malakoff, 6.
     —     d'Arts-et-Mtiers, Mairie d'Alger.
Syndicat commercial, Palais Consulaire.
Syndicat des Prud'hommes. — Palais Consulaire
Stand de la Société de Tir, avenue de la Bouzaréa.
Tabacs. — Direction : rue Daguerre, Mustapha.
Théâtre municipal (Direction du), place de la République.
Théâtre des Nouveautés (Casino Music-Hall) rue d'Isly, 7, et rue de la Poudrière.
Théâtre-Cirque, esplanade Bab-el-Oued.
Télégraphe, Hôtel du Trésor.
          —          Succursale : Bourse, boulevard de France.
Télégraphe, inspection et direction, rue Henri-Martin, 25.
Télégraphie technique, rue Rovigo, 69.
Téléphone, Hôtel du Trésor, rue de la Liberté.
Trams électriques. — Direction : rue d'Isly, 36.
Travaux civils (inspection générale des), à la Préfecture.
Trésorerie, boulevard Carnot.
Usine à Gaz, Mustapha.
Voirie départementale (Préfecture), rue de la Charte.

# ADRESSES MILITAIRES

Administration de la Marine, boulevard de France.
Amirauté, boulevard de France
Académie militaire, rue Médée.
Affaires indigènes de la Division, rue de Constantine, 30.
Ambulance active, rue Jean-Bart, 15.
Arsenal d'Artillerie, Mustapha-Inférieur.
Ateliers du Génie        —        —
Caserne des Isolés, sous les voûtes, quai Sud.
Caserne d'infanterie, sous les voûtes, quai Sud.
        de la Casbah (artillerie), à la Casbah.
        du Fort-Neuf (Génie) place Bab-el-Oued.
        des Ouvriers d'Artillerie, à l'arsenal, Mustapha.
        des Secrétaires de l'Etat-Major, aux Casemates.
        de l'administration, commis et ouvriers, rue Constantine, 38.
        d'Orléans (infanterie), à la Casbah.
        de la Salpétrière (infirmiers), route Malakoff.
        des Tagarins (artillerie), à la Casbah.
        Valée (cavalerie), rampe Valée.
Cercle militaire, rue Médée.
Chefferie du Génie, rue Philippe, 2.
Conseil de Guerre, esplanade Margueritte.
Division, rue de Constantine, 14.
Etat-Major du XIXᵉ Corps d'Armée, Place d'Isly.
     —        de la Division, rue de Constantine, 14.
     —        de la Place, rue de la Marine, 11.
Fortifications (direction des), rue Philippe, 3.
Gendarmerie, rue de Constantine, 36.
Habillement et Campement, rue de Constantine.
Hôpital militaire du Dey, boulevard de Champagne, Bab-el-Oued.
Hôtel du général commandant le 19ᵉ Corps d'armée, 1, place d'Isly.
   —  du général commandant la division, rue de Constantine, 14.
Hôtel du général commandant la subdivision, rue de Chartres.
   — des Services de l'artillerie, rue Jean-Bart, 15.
Intendance militaire, rue d'Isly, 53.
Intendance militaire de division, rue d'Isly, 53.
Sous-Intendance, rue de la Liberté, 24.
Magasin central des Hôpitaux, rue des Consuls, 26 et 28.
Manutention de Bab-Azoun, rue de Constantine, 34.
     —        de la Casbah, à la Casbah.
Parc à fourrage de Bab-Azoun, rue Sadi-Carnot, à Mustapha.
Prison militaire, rue Volland.
Quartier général, du 19ᵉ Corps d'armée, place d'Isly.
Recrutement, rue de la Marine, 11.
Service de Santé de la Division d'Alger, rue Henri-Martin, 13.
Service général du Génie, rue Philippe, 2.
Sous-Intendances militaires diverses, rue de la Marine, 9, et 53, rue d'Isly.
Subsistances militaires, 19ᵉ Corps d'armée (Palmier), rue de Constantine.
Télégraphie militaire, rampe de l'Amirauté.

# JUSTICE

Cour d'appel, Palais-de-Justice, rue de Constantine.
Cour d'assises        —        —
Justice de Paix, nord, rue Jean-Bart.
     —        sud, rue Tancrède.

Palais-de-Justice, rue de Constantine.
Parquet de M. le Premier Président, Palais-de-Justice.
    —    M. le Procureur Général    —
    —    M. le Procureur de la République, Palais-de-Justice.
Syndics de faillites, Palais Consulaire.
Tribunal de première instance, rue de Constantine.
    —    de Commerce, Palais Consulaire.

## CULTES

Archevéché, place Malakoff.
Eglise Saint-Philippe (Cathédrale) Place Malakoff.
    —    Notre-Dame-des-Victoires, rue Bab-el-Oued.
    —    Saint-Augustin, rue de Constantine.
    —    Sainte-Croix, en face la Casbah.
    —    de Jésus, rue des Consuls.
    —    Saint-Joseph, rue de Lorraine, Bab-el-Oued.
    —    Saint-Bonaventure, Mustapha.
    —    Saint-Charles, Agha.
    —    Anglicane, boulevard Bugeaud.
Consistoire Protestant, rue de Chartres.
    —    Israélite, rue Boutin (impasse).
Mosquée    Djemaâ-Kébir, rue de la Marine.
    —    Djemaâ-Djedid, place Mahon.
    —    Sidi-Rhamdan, rue Sidi-Rhamdan.
    —    Djemaâ-Safir, rue Kléber
    —    Sidi-Abder-Rhaman (Jardin Marengo).
    —    des Mozabites, rue Tanger.
Synagogue, place Randon.
Temple protestant, rue de Chartres.

---

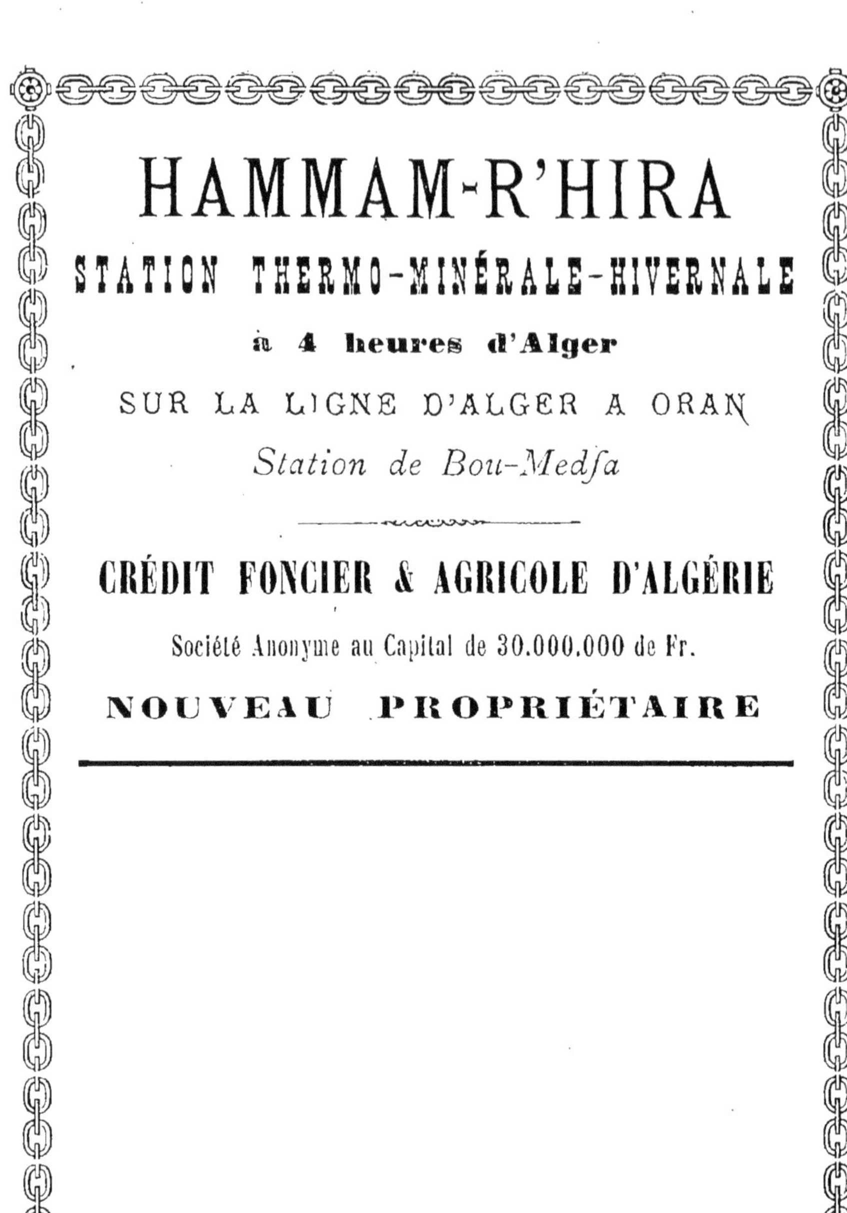

HAMMAM-R'HIRA
STATION THERMO-MINÉRALE-HIVERNALE
à 4 heures d'Alger
SUR LA LIGNE D'ALGER A ORAN
Station de Bou-Medfa

CRÉDIT FONCIER & AGRICOLE D'ALGÉRIE
Société Anonyme au Capital de 30.000.000 de Fr.
NOUVEAU PROPRIÉTAIRE

# VILLE D'ALGER

## NOMENCLATURE DES VOIES PUBLIQUES



## A

| RUES | TENANTS | ABOUTISSANTS | Arrond<sup>nt</sup> | QUARTIERS |
|---|---|---|---|---|
| Abdérames, des | Porte-Neuve | Anfreville, d' | 2 | Casba. |
| Abencérages, des | de Thèbes | du Quatre-Septembre | 2 | — |
| Abreuvoir, de l' | Turgot | Dumont-d'Urville | 4 | Isly. |
| Addada | Sidi-Ferruch | de la Fonderie | 2 | B.-O. |
| Aigle, de l' | Bab-Azoun | Boul. de la République | 3 | B.-A. |
| Albukerque | Alkermimouth | Kataroudjil | 2 | Casba. |
| Alkermimouth | du Chat | à la Mosquée | 2 | — |
| Alexandrie, d' | Sidney-Smith | Héliopolis | 2 | — |
| Alma, de l' | Boul. de France | Bouzaréa, avenue | 5 | F. B.-O. |
| Alsace, d' | Consulats, avenue | du Lavoir | 5 | — |
| Ambroise Paré | Arago | Liberté | 3 | B.-A. |
| Amiral Bruat | Rempart Médée | Boul. Gambetta | 5 | |
| — Courbet | Boul. Nord | Weimbrenner | 5 | F. B.-O. |
| — Pierre | Boul. de France | Esplanade B.-O | 1 | Préfecture. |
| Amirauté, rampe | Boul. de France | Amirauté | 1 | |
| Ammon, d' | de Chartres | de la Lyre | 4 | B.-A. |
| Andrée | Saint-Augustin | Gandillot, avenue | 4 | Isly. |
| Anfreville | Porte-Neuve | Kléber | 2 | Casba. |
| Annibal | de la Gazelle | Casba | 2 | — |
| Arago | Boul. Carnot | Constantine | 4 | B.-A. |

| | | | | |
|---|---|---|---|---|
| Arc, de l'.............. | de la Marine.......... | Boul. de France...... | 1 | Préfecture ... |
| Atlas, de l'........... | Annibal.............. | de la Casba.......... | 2 | Casba. |
| Augustin, Saint......... | Levacher............. | Dupuch ............. | 4 | Isly. |
| Aumale ............ | de Constantine....... | du Carrefour .. ...... | 4 | — |

**B**

| | | | | |
|---|---|---|---|---|
| Bab-Azoun............ | Place du Gouvernement. | Place de la République. | 3 | B.-A. |
| Bab-el-Oued.......... | — | Place Bab-el-Oued..... | 1 | B.-O. |
| —  Impasse...... | Bab-el-Oued ........ | | 1 | — |
| —  Esplanade .. . | Avenue Bab-el-Oued. . | aux remparts ........ | 1 | — |
| —  Avenue. ... . | Place Bab-el-Oued..... | Avenue Bouzaréa...... | 1 | — |
| —  Place ........ | Bab-el-Oued ......... | Esplanade Bab-el-Oued. | 1 | — |
| Baleine................ | de la Gazelle........ | Ximénès .......... | 2 | Casba. |
| Banque... ... ... | Boul. de France...... | de la Marine......... | 1 | Préfecture. |
| Barberousse ........... | Sophonisbe .......... | Kataroudjil ........ | 2 | Casba. |
| Barrat... ....... | Avenue Bouzaréa...... | Weimbrenner........ | 5 | F. B.-O. |
| Bastion Central........ | Boul. de la République | Square ............. | 4 | B.-A. |
| Bazar du Commerce...... | Place du Gouvernement. | de Chartres......... | 3 | B.-A. |
| Belfort.... .......... | — | — | | — |
| Bélisaire ......... ... | des Consuls........ | Amiral-Pierre ........ | 1 | Préfecture. |
| Bénachère............ | Porte-Neuve....... | du Lézard ........ | 2 | Casba. |
| Ben-Ali .... ......... | des Abencérages....... | des Sarrasins .... ... | 2 | — |
| Berbrugger, impasse...... | de la Lyre.. ....... | | 2 | — |
| Bertholon, impasse ....... | Porte-Neuve....... | | 2 | — |
| Bisch, Cité........... | Quartier Rovigo....... | Quartier Rovigo....... | 4 | Rovigo. |
| Bisson ............. | Doria.............. | Bab-el-Oued ........ | 1 | Préfecture. |
| Blanchard ........... | Rampe Bugeaud....... | d'Isly. ........... | 4 | Isly. |
| Blandan............ | de Chartres.......... | de la Lyre.......... | 4 | Lyre. |
| Bleue............. | du Regard.. ....... | Desaix .... ...... | 2 | Casba. |
| Blondel ............ | de la Lyre........ ... | du Lézard ........ | 2 | Lyre. |

| RUES | TENANTS | ABOUTISSANTS | Arrond<sup>nt</sup> | QUARTIERS |
|---|---|---|---|---|
| Bocchus | Place de la République | Médée | 3 | B.-A. |
| Bombe, de la | Casba | Boul. Valée | 2 | Casba. |
| Bône, de | Place de la Lyre | Rovigo | 4 | Lyre. |
| Bonite, impasse de la | René-Caillé | | 2 | B.-A. |
| Bosa | Bab-Azoun | Boul. de la République | 3 | B. A. |
| Boulabah | de l'Intendance | de la Casba | 2 | — |
| Bosquet | Caton | Sidi Abdallah | 2 | Casba. |
| Bourmont | Randon | Médée | 2 | Lyre. |
| Boutin | du Divan | du Lezard | 2 | Lvre. |
| Boutin, impasse | Boutin | | 2 | — |
| Bouzaréa, avenue | Boul. du Nord | limite Commune d'Alger | 5 | F. B -O. |
| Bresnier, impasse | de la Lyre | | 2 | Lyr-. |
| Bresson, square | Place de la République | | 3 | B.-A. |
| Bru, impasse | Buffon, imp | | 2 | Casba. |
| Bruce, impasse | de la Casba | | 2 | — |
| Bruce | Place Malakoff | de la Casba | 2 | — |
| Brueys | des Consuls | Amiral-Pierre | 1 | Préfecture. |
| Buffon, impasse | Randon | | 2 | Lvre. |
| Bugeaud, rampe | de Constantine | d'Isly | 3 | Isly. |

### C

| RUES | TENANTS | ABOUTISSANTS | Arrond<sup>nt</sup> | QUARTIERS |
|---|---|---|---|---|
| Cadix | Malakoff, avenue | Durando, avenue | 5 | F. B.-O. |
| Caftan, du | Bab-Azoun | de Chartres | 3 | B.-A. |
| Camille | Rovigo | Télemly | 2 | Cité Bisch. |
| Carnot, boulevard | Square Bresson | Margueritte, esplanade | 4 | Isly. |
| Carrefour, du | Tanger | d'Isly | 4 | Isly. |
| Carrière, de la | Pierre-Leroux | Aqueduc du Génie | 5 | F. B. O. |
| Casbah, de la | Bab-el-Oued | de la Victoire, boulev | 2 | Casba. |

| | | | | |
|---|---|---|---|---|
| Casemates, des............. | Anciennes Portes d'Isly. | Portes du Sahel...... | 4 | Isly. |
| Castelar............... | des Consulats, avenue.. | Anciennes Carrières .. | 5 | F. B.-O. |
| Caton............. | Kléber............ | Randon, place ... | 2 | Casba. |
| Cavour ............. | Dupetit Thouars....... | Marguerite ......... | 2 | — |
| Centaure ........... | Médée........ | Rampart Médée ..... | 2 | — |
| Chambert, passage ...... | Kléber............ | Kléber ......... | 2 | — |
| Chameau ........... | Annibal......... | de la Victoire........ | 2 | — |
| Champagne, boulevard.... | Malakoff, avenue ...... | Dutertre, place ....... | 5 | F. B.-O. |
| Charles-Quint.......... | Bab-el-Oued. ...... | Bruce ......... | 2 | Casba. |
| Charte, de la... ....... | de la Marine.. ...... | Soult-Berg, place ..... | 1 | Préfecture. |
| Chartres, impasse de...... | de Chartres......... | | 3 | B.-A. |
| Chartres, place de....... | de Chartres......... | Saint-Louis....... | 3 | — |
| Chartres, rue de........ | Malakoff, place. .. | de la République, place | 3 | — |
| Chasseloup-Laubat, rampe. | Quai Nord ........ | République, boulevard. | 3 | Quai. |
| Chat, du ............. | de la Casba......... | du Locdor......... | 2 | Casba. |
| Châteaudun, de..... ... | Provence, boulevard de. | des Écoles......... | 5 | F. B.-O. |
| Chêne, du........... | de Chartres. ....... | Médée ......... | 3 | Lyre. |
| Cheval, du........... | Bélisaire ...... .. | de la Licorne ...... | 1 | Préfecture. |
| Christophe-Colomb ..... | des Jardins.. ....... | Dupetit-Thouars ..... | 2 | Cité Bisch. |
| Citati ............. | Chartres, place de.... | Scipion......... | 3 | B.-A. |
| Clauzel.......... | Palmyre ......... | Littré ......... | 3 | — |
| Cléopâtre ............ | Gouvernement, place du | Mahon.. ......... | 1 | B.-O. |
| Colbert ............ | Carnot, boulevard..... | de Constantine....... | 4 | Constantine. |
| Colmar.......... | Champagne, boulevard. | de Dijon .. ........ | 5 | F. B.-O. |
| Colombe, de la.......... | Esplanade de la Casba. | de la Baleine....... .. | 2 | Casba. |
| Colons, des...... ..... | Levacher ........... | Gandillot, avenue..... | 4 | Rovigo. |
| Colonie, de la.......... | Chartres, place....... | Vialar .... ...... | 3 | B.-A. |
| Combes . .......... | du Gouvernement, pl .. | Palmyre......... | 3 | — |
| Commerce, bazar du.. ... | du Gouvernement, pl .. | de Chartres ...... | 3 | — |
| Commerce, du........... | Bab-el-Oued ...... | Lalahoum ......... | 2 | Casba. |

| RUES | TÉNANTS | ABOUTISSANTS | Arrond<sup>nt</sup> | QUARTIERS |
|---|---|---|---|---|
| Condor, du | Ptolémée | de la Victoire, boulev. | 2 | Casba. |
| Condorcet | Cité Bugeaud | Aqueduc du Génie | 5 | F. B.-O. |
| Constantine, de | de la République, pl. | Margueritte, esplanade | 4 | Constantine. |
| Consulats, avenue des | Provence, boulev. de | Champagne, boulev. de | 5 | F. B.-O. |
| Consuls, des | de la Marine | Navarin | 1 | Préfecture. |
| Consuls prolongée, des | | Volland | 1 | — |
| Consuls, passage des | des Consuls | d'Orléans | 1 | — |
| Coq, du | du Carrefour | d'Isly | 4 | Isly. |
| Collot | Hoche | Fourchault | 5 | F. B.-O. |
| Corneille | de la République, pl. | de la Lyre, place | 4 | Constantine. |
| Cougot, passage | du Commerce | Sidi-Ferruch | 2 | B.-O. |
| Croissant, du | du Regard | de Toulon | 2 | Casba. |
| Cygne, du | Sidi Ramdan | des Maugrebins | 2 | — |
| Cygne, impasse du | du Cygne | | 2 | — |

## D

| RUES | TÉNANTS | ABOUTISSANTS | Arrond<sup>nt</sup> | QUARTIERS |
|---|---|---|---|---|
| Damrémont | de Chartres | de la Lyre | 3 | Lyre. |
| Darfour | Boul-bah | Desaix | 2 | Casba. |
| Dattes, des | Médée | Porte-Neuve | 2 | — |
| Delta, du | du Quatre-Septembre | de la Casba | 2 | — |
| Demarchi | Rovigo | Cri-tophe-Colomb | 4 | Cité Bisch. |
| Desaix | Sidi-Abdallah | de la Casba | 2 | Casba. |
| Deval | du Chêne | de la Lyre | 3 | Lyre. |
| Deville | des Ecoles | de Lorraine | 5 | F. B.-O. |
| Dey, du | des Consulats, avenue | de Champagne, boul | 5 | — |
| Diable, du | de la Casbah | de la Casba | 2 | Casba. |
| Dijon, de | Malakoff, avenue | du Dey | 5 | F. B.-O. |
| Divan, du | du Gouvernement, pl. | St-Vincent-de-Paul | 1 | B.-A. |

| | | | | |
|---|---|---|---|---|
| Dombasles | Malakoff, avenue | Amiral-Courbet | 5 | F. B.-O. |
| Doria | Bab-el-Oued | Jean-Bart | 1 | B.-O. |
| Druses, impasse | Salluste | | 2 | Casba. |
| Duchassaing, galerie | Bab-Azoun | Combes | 3 | B.-A. |
| Duguay-Trouin | des Trois-Couleurs | Duquesne, place | 1 | Préfecture. |
| Dumont-d'Urville | de la République, place | Henri-Martin | 4 | Isly. |
| Duperré | de France, boulevard | Lamoricière | 1 | Préfecture. |
| Dupetit-Thouars | Rovigo | aux fortifications | 4 | Cite Bisch. |
| Dupleix, impasse | Randon | | 2 | Casba. |
| Dupuch | Mogador | du Marché | 4 | Isly. |
| Duquesne, place | Duquesne | du Sagittaire | 1 | Préfecture. |
| Duquesne | de la Révolution | de la Marine | 1 | — |
| Duquesne, impasse | Duquesne | | 1 | |
| Durando, avenue | de la Bouzaréa, avenue | de Provence, boulevard | 5 | F. B.-O. |
| Dutertre, place | de Champagne, boulev. | Pierre-Leroux | 5 | — |
| Duvivier, place | de la Lyre | Randon | 4 | Lyre. |
| Deneyrier | Bouzaréa, avenue | du Lavoir | 5 | F. B.-O. |

## E

| | | | | |
|---|---|---|---|---|
| Echelle, de l' | du Hamma | Henri-Martin | 4 | Isly. |
| Ecoles, des | des Consulats, avenue | du Lavoir | 5 | F. B.-O. |
| Eginaïs | des Consuls | d'Orléans | 1 | Préfecture. |
| Eiffel | Bouzaréa, avenue | du Lavoir | 5 | F. B.-O. |
| Escoffier | de la Victoire, boulev | Rovigo | 2 | Casba. |
| Esplanade Prison Civile | de la Victoire. boulev | Valée, boulevard | 2 | — |
| Estrées, d' | de la Prison-Civile, espl. | de la Casbah | 2 | — |
| Etat-Major, de l' | Bruce | Soggemah | 2 | — |
| Etat-Major, place de l' | de l'Intendance | de l'Etat-Major | 2 | — |

## F

| RUES | TENANTS | ABOUTISSANTS | Arrond.t | QUARTIERS |
|---|---|---|---|---|
| Farina, impasse | Médée | | 2 | Casba. |
| Flandre, boulevard | Malakoff, avenue | de Picardie | 5 | F. B.-O. |
| Flatters | de la République, boul. | Bab-Azoun | 3 | B.-A. |
| Flèche, de la | — | — | 3 | — |
| Flèche, passage de la | Bab-Azoun | Clauzel. | 3 | — |
| Fonderie, de la | Bab-el-Oued | au derrière du Lycée | 1 | B.-O. |
| Fourchault | de la Bouzaréa, avenue. | Collot | 5 | F. B.-O. |
| Frais-Vallon, avenue | — | du Frais-Vallon, route | 5 | — |
| France, boulevard de | du Gouvernement, pl | Amiral-Pierre | 1 | Préfecture. |
| Franklin | Durando, avenue | du Frais-Vallon, avenue | 5 | F. B.-O. |
| Frégate, de la | d'Aumale | de Tanger | 4 | Isly. |

## G

| RUES | TENANTS | ABOUTISSANTS | Arrond.t | QUARTIERS |
|---|---|---|---|---|
| Gagliata, impasse | Staouëli | des Palmiers | 2 | Casba. |
| Galiba | des Janissaires | des Palmiers | 2 | — |
| Gambetta, boulevard | de la Lyre, place | Rovigo | 4 | Cité Bisch. |
| Gandillot, avenue | Rovigo | Maurice, avenue | 4 | — |
| Garibaldi | Carnot, boulevard | de la République, place. | 4 | Constantine. |
| Gazelle, de la | du Palmier | de la Victoire, boulev. | 2 | Casba. |
| Gétules, impasse des. | Saint-Vincent-de-Paul | | 2 | — |
| Girafe, de la | Randon | Kléber | 2 | — |
| Gouvernement, place | Bab-Azoun | Bab-el-Oued | 1 | Préfecture. |
| Grenade, de la | Sidi-Abdallah | des Pyramides | 2 | Casba. |
| Grue, de la | — | — | 2 | — |
| Gueydon | d'Isly | Bugeaud, boulevard | 4 | Isly. |

## H

| | | | | |
|---|---|---|---|---|
| Hamma, du | Corneille | Dumont-d'Urville | 4 | Isly. |
| Héliopolis | de la Victoire, boulev | d'Alexandrie | 2 | Casba. |
| Henri-Martin | d'Isly | de la Lyre, place | 4 | Isly. |
| Henri-Rivière | Rempart Médée | Gambetta, boulevard | 2 | Casba. |
| Hercule, d' | du Commerce | Sidi-Ferruch | 2 | B.-O. |
| Hoche | de la Bouzaréa, avenue | du Frais-Vallon, avenue | 1 | F. B.-O. |
| Hydre, de l' | Soggemah | de la Casbah | 2 | Casba. |

## I

| | | | | |
|---|---|---|---|---|
| Industrie, de l' | de Constantine | Carnot, boulevard | 4 | Constantine. |
| Intendance de l' | de l'État-Major | de la Casbah | 2 | Casba. |
| Intendance, imp. de l' | de l'Intendance | | 2 | — |
| Isly, d' | Dumont-d'Urville | Anciennes Portes d'Isly | 4 | Isly. |
| Isly, place d' | d'Isly | d'Isly | 4 | — |

## J

| | | | | |
|---|---|---|---|---|
| Janissaires, des | du Palmier | X.ménès | 2 | Casba. |
| Jardins, des | Dupetit-Thouars | | 4 | Isly. |
| Jaubert, passage | Franklin | Hoche | 5 | F. B.-O. |
| Jean-Bart | Volland | Navarin | 1 | Préfecture, |
| Jean-de-Matha | de la Lyre, place | Rovigo | 4 | Rovigo. |
| J.-J. Rousseau | de Provence, boulev | Laveyssière | 5 | F. B-O. |
| Jénina | des Trois-Couleurs | Jénina, place | 1 | B.-O. |
| Jénina, place | Bruce | Soggemah | 1 | — |
| Joinville | de Constantine | Saint-Augustin | 4 | Isly. |
| Juba | du Gouvernement, pl | de Chartres | 1 | B.-A. |

## K

| RUES | TENANTS | ABOUTISSANTS | Arrondt | QUARTIERS |
|---|---|---|---|---|
| Kataroudjil | Barberousse | Alkermimouth | 2 | Casba. |
| Kléber | Porte-Neuve | Sidi-Abdallah | 2 | — |
| Kœchlin | Malakoff, avenue | de la Bouzaréa, avenue. | 5 | F. B.-O. |
| Kourdes, impasse | d'Orléans | | 1 | Préfecture. |

## L

| RUES | TENANTS | ABOUTISSANTS | Arrondt | QUARTIERS |
|---|---|---|---|---|
| Lahemar | Lalahoum | du Scorpion | 2 | Casba. |
| Laing, impasse | Bruce | | 2 | B.-O. |
| Lalahoum | de la Casba | Lahemar | 2 | — |
| Lalahoum, impasse | Lalahoum | | 2 | — |
| Lamoricière | de France, boulevard | de la Marine | 1 | Préfecture. |
| Lancry, impasse | Porte-Neuve | | 2 | Casba. |
| Laurier, du | de la République, boul. | Bab-Azoun | 3 | B. A. |
| Laveyssière | Amiral-Courbet | de la Bouzaréa, avenue. | 5 | F. B.-O. |
| Lavoir, du | Pierre-Leroux | de Champagne, boulev. | 5 | — |
| Lavoisier, impasse | Randon | | 2 | Casba. |
| Lavigerie | de Picardie | Extrémité de la Comm^ne | 5 | F. B.-O. |
| Lazaristes, impasse | Saint-Vincent-de-Paul | | 2 | Casba. |
| Ledru-Rollin | Carnot, boulevard | de Constantine | 4 | Constantine. |
| Le Lièvre, place | de Lorraine | des Ecoles | 5 | F. B.-O. |
| Lemercier, place | de la Marine | de France, boulevard | 1 | Préfecture. |
| Levacher | Mogador | Pirette | 4 | Cité Bisch. |
| Levacher, impasse | Levacher | | 4 | — |
| Lezard, du | de la Lyre | Randon, place | 2 | Casba. |
| Liban | de la Marine | Liban, impasse | 1 | Préfecture. |
| Liban, impasse | d'Orléans | | 1 | — |
| Liberté, de la | Garibaldi | Waïsse | 4 | Constantine. |

| | | | | |
|---|---|---|---|---|
| Licorne, de la | des Consuls | du Cheval | 1 | Préfecture. |
| Lion, du | Kléber | Kléber | 2 | Casba. |
| Littre | de la République, boul. | de la République, place. | 3 | B.-A. |
| Locdor, du | de la Casba | à la Mosquée | 2 | Casba. |
| Lorraine, de | des Consulats, avenue | du Lavoir | 5 | F. B.-O. |
| Lotophages, des | des Consuls | Amiral-Pierre | 1 | Préfecture. |
| Louis Thuillier | Laveyssière | Weimbrenner | 5 | F. B.-O. |
| Lyre, de la | Malakoff, place | de la Lyre, place | 4 | Lyre. |
| Lyre, place de la | de la Lyre | Henri-Martin | 4 | — |
| Lyvois | — | du Chêne | 3 | — |

## M

| | | | | |
|---|---|---|---|---|
| Mac-Carthy | Dombasles | Cadix | 5 | F. B.-O. |
| Mac-Mahon | d'Isly | Bugeaud, boulevard | 4 | Isly. |
| Marey-Monge | de la Vigie | Camille Douls | 5 | F. B.-O. |
| Macaron | Amiral-Pierre | de la Licorne | 1 | Préfecture. |
| Magenta, rampe | Quai Sud | Carnot, boulevard | 3 | B.-O. |
| Mahon | Bruce | de la Charte | 1 | Préfecture. |
| Mahon, impasse | Mahon | | 1 | — |
| Maillot | Montpensier | Rovigo | 4 | Cité-Bisch. |
| Malakoff, avenue | Bab-el-Oued, avenue | Limite de la Commune | 5 | F. B.-O. |
| — galerie | Bab-el-Oued | Vieux-Palais | 3 | B.-O. |
| — galerie | Mahon | Jénina | 3 | — |
| — place | de la Lyre | Bruce | 3 | — |
| Maleki, impasse | Bab-el-Oued | | 2 | — |
| Mameluks, des | d'Alexandrie | de la Victoire, boulev | 2 | Casba. |
| Mantout, bazar | de Chartre, place | Scipion | 3 | B.-A. |
| Mantout, passage | de la Casba | Soggémah | 2 | Casba. |
| Marché, du | Bugeaud, boulevard | Mogador | 4 | Isly |
| Marengo, Jardin | Valée, rampe | rampe Valée | 1 | B.-O. |

| RUES | TENANTS | ABOUTISSANTS | Arrond<sup>t</sup> | QUARTIERS |
|---|---|---|---|---|
| Marengo | Randon, place | rampe Valée | 4 | Casba. |
| Margueritte, esplanade | Carnot, boulevard | de Constantine | 4 | Isly. |
| Margueritte | Dupetit-Thouars | Cristaphe Colomb | 4 | — |
| Marine, de la | du Gouvernement, pl. | Lemercier, place | 1 | Préfecture. |
| Marmol | de la Casba | de la Bombe | 2 | Casba. |
| Marseillais, des | — | du Commerce | 2 | B.-O. |
| Marie-Lefèvre | d'Is'y | des Tanneurs | 4 | Isly. |
| Martinetti, passage | Bab-el-Oued | des Trois-Couleurs | 1 | B.-O. |
| Martyrs, des | Rovigo | Cri-tophe-Colomb | 4 | Rovigo. |
| Maugrebins, des | Alkermimouth | Espl. de la Prison civile | 2 | Casba. |
| Maurice, avenue | Saint-Augustin | Gandillot, avenue | 4 | Isly. |
| Mazagran | Malakoff, avenue | Amiral-Courbet | 5 | F. B.-O. |
| Médée | de Chartres | Rempart Médée | 2 | B.-A. |
| Medée, impasse | Médée | | 2 | Casba. |
| Ménerville | Carnot, boulevard | de Constantine | 4 | Constantine. |
| Mer Rouge, de la | Médée | du rempart Médée | 2 | Casba. |
| Michel Cervantès | Saint-Augustin | Dupuch | 4 | Isly |
| Micipssa, impasse | de la Marine | | 1 | Préfecture. |
| Mogador | Rovigo | du Marché | 4 | Isly. |
| Molière | de la République, place | de la Lyre, place | 4 | B.-A. |
| Montagnac | Durando, avenue | Bouzarea, avenue | 4 4 | F. B.-O. |
| Montagne, de la | Cristophe-Colomb | Aux fortifications | 5 | Isly. |
| Montaigne | du Nord, boulevard | Hoche | 4 | F. B.-O. |
| Monte-Cristo | Dupetit-Thouars | d'Alexandrie | 2 | Casba. |
| Mont-Thabor | Kléber | — | 2 | — |
| Montesquieu | de Lorraine | d'Alsace | 5 | F. B.-O. |
| Montpensier | Rovigo | du Rempart Medee | 4 | Rovigo. |
| Morris, passage | de Nancy | de Lorraine | 5 | F. B.-O. |

| | | | | |
|---|---|---|---|---|
| Morès | Malakoff, avenue | de Flandre, boulevard.. | 5 | F. B.-O. |
| Moulins, des | des Consulats, avenue | Pierre-Leroux | 5 | — |
| Mustapha-Ismaël | de la Lyre | du Chêne | 3 | Lyre. |

**N**

| | | | | |
|---|---|---|---|---|
| Nancy, de | des Consulats, avenue | du Dey | 5 | F. B.-O. |
| Narboni, bazar | Bab-Azoun | de Chartres | 4 | B.-A. |
| Navarin | Philippe | Jean-Bart | 1 | Préfecture. |
| Negrier | de Varennes | Trancrède | 4 | Isly. |
| Nemours | de Chartres | de la Lyre | 3 | Lyre. |
| Nil, du | Desaix | Quatre-Septembre | 2 | Casba. |
| Nouvelle-Bruce | Bruce | de la Casba | 2 | — |
| Nuits, de | de Bône | Rovigo | 4 | Cité Bisch. |
| Numides, des | des Consuls | Amiral-Pierre | 1 | Préfecture. |

**O**

| | | | | |
|---|---|---|---|---|
| Oran, d' | de la Lyre | Randon | 2 | Casba. |
| Orangers, place des | Bab-el-Oued | Cléopâtre | 1 | B.-O. |
| Oranges, des | Randon | Porte-Neuve | 2 | Casba. |
| Orléans d' | Soult-Berg, place | de la Marine | 1 | Prefecture |
| Oronte, impasse d' | Lalahoum | | 2 | B.-O. |
| Oudinot | Durando, avenue | de la Bouzaréa, avenue. | 5 | F. B.-O. |
| Ours, de l' | Sidi-Rhamdan | Valée, rampe | 2 | Casba. |

**P**

| | | | | |
|---|---|---|---|---|
| Palais, passage du | du Soudan | du Divan | 2 | B.-O |
| Palat | Pierre-Leroux | de Lorraine | 5 | F. B.-O. |
| Palma | de Chartres | de la Lyre | 3 | Lyre. |
| Palmier, du | Kléber | Annibal | 2 | Casba. |
| Palmier, impasse du | du Palmier | | 2 | — |

| RUES | TENANTS | ABOUTISSANTS | Arrond<sup>nt</sup> | QUARTIERS |
|---|---|---|---|---|
| Palmyre | de la République, boul. | Bab-Azoun | 3 | B.-A. |
| Papin | Valée, rampe | Valée, rampe | 2 | Valée. |
| Parc, du | Dumont-d'Urville | du Hamma | 4 | Isly. |
| Parmentier | Valée, rampe | Valée, boulevard | 2 | Valée. |
| Parodi, impasse | Savignac | | 1 | B.-O. |
| Parodi, passage | — | Mahon | 1 | — |
| Parcifico, bazar | de Chartres | | 3 | B.-A. |
| Pavy | Boutin | Randon, place | 2 | Casba. |
| Pavy, impasse | Pavy | | 2 | |
| Pêcherie, escaliers | du Gouvernement, pl. | Quai Nord | 1 | Préfecture. |
| Pêcherie, place | Mahon | de la Marine | 1 | — |
| Pêcherie, rampe | Pêcherie, place | Halles aux poissons | 1 | — |
| Pélissier | d'Isly | Bugeaud, boulevard | 4 | Isly. |
| Perrégaux | Tanger | du Coq | 4 | — |
| Phalsbourg | des Ecoles | des Moulins | 5 | F. B.-O. |
| Philippe | Bab-el-Oued | Soult-Berg, place | 1 | B.-O. |
| Picardie | Bouzaréa, avenue | de Flandre, boulev | 5 | F. B.-O. |
| Pierre-Leroux | — | Dutertre, place | 5 | — |
| Pirette | Levacher | au village d'Isly | 4 | Isly. |
| Pithieuses | de la Gazelle | de la Victoire, boulev | 2 | Casba. |
| Pompée | Randon | Porte-Neuve | 2 | — |
| Pons-Debalaguer | Kléber | de la Victoire, boulev | 2 | — |
| Portalis | de Constantine | Tanger | 4 | Isly. |
| Porte-Neuve | de la Lyre | de la Victoire, boulev | 2 | Casba. |
| Poudrière, de la | d'Isly | Mogador | 4 | Isly. |
| Provence, boulevard | Malakoff, avenue | de Châteaudun | 5 | F. B.-O. |
| Ptolémée | de la Victoire, boulev | des Vendales | 2 | Casba. |
| Pyramides, des | de Thèbes | du Palmier | 2 | — |

## Q

| | | | | |
|---|---|---|---|---|
| Quai-Marine | de l'Amirauté | aux Bassins du Radoud. | 3 | Marine. |
| — Nord | — | au Bastion Central | 3 | — |
| — Sud | du Bastion Central | au fort Bab-Azoun | 3 | — |
| Quatorze-Juin, du | Amiral-Pierre | Amiral-Pierre | 1 | Préfecture. |
| Quatre-Septembre, du | de la Grue, | Sophonisbe | 2 | Casba. |

## R

| | | | | |
|---|---|---|---|---|
| Randon | de la Lyre, place | Randon, place | 2 | Casba. |
| Randon, place | Randon | Marengo | 2 | — |
| Raspail | | | 5 | F. B.-O. |
| Regard, du | Regnard | de la Casba | 2 | Casba. |
| Regnard | Salluste | Boulabah | 2 | — |
| Rempart, du | Amiral-Pierre | des Consuls | 1 | Préfecture. |
| Rempart-Médée | du Centaure | Porte-Neuve | 2 | Casba. |
| Renaud | de la Charte | d'Orléans | 1 | Préfecture. |
| Réné-Caillé | Bab-Azoun | de Chartres | 3 | B.-A. |
| Réné-Caillé, impasse | René-Caillé | | 3 | — |
| République, boulev de la | du Gouvernement, pl. | au Square | 3 | — |
| République, place de la | Bab-Azoun | Dumont-d'Urville | 4 | Isly. |
| République, square de la | de la République, place. | de la République, boul. | 4 | — |
| Révolution, de la | Bab-el-Oued | Soult-Berg, place | 1 | Préfecture. |
| Révolution, impasse de la | de la Révolution | | 1 | — |
| Riégo | Malakoff, avenue | du Dey | 5 | F. B.-O. |
| Rolland-de-Bussy | d'Isly | Mogador | 4 | Isly. |
| Roman | de Nuits | Montpensier | 3 | Rovigo. |
| Rome, de | de Lorraine | d'Alsace | 5 | F. B.-O. |
| Rossini | de la République, place. | du Hamma | 3 | Isly. |
| Rovigo | Henri-Martin | Gambetta, boulevard | 3 | — |

S

| RUES | TENANTS | ABOUTISSANTS | Arrond.t | QUARTIERS |
|---|---|---|---|---|
| Sabbat, du | Porte-Neuve | de la Mer Rouge | 2 | Casba. |
| Sagittaire | Duquesne, place | de la Charte | 1 | Préfecture. |
| Sahara | Duquesne | — | 1 | — |
| Sahel, portes du | | Route d'El-Biar | 4 | Isly. |
| Sainte | Bab-Azoun | de Chartres | 3 | B.-A. |
| Saint-Augustin | Dupuch | aux Casemates | 4 | Isly. |
| Saint-Louis | de la République, boul. | Bab-Azoun | 3 | B.-A. |
| Sainte-Philomène, imp. | Philippe | | 1 | Préfecture. |
| Saint-Vincent-de-Paul | Salluste | Randon, place | 2 | Casba. |
| Saint-Vincent-de-Paul. imp. | Saint-Vincent-de-Paul. | | 2 | — |
| Salluste | du Soudan | Marengo | 2 | — |
| Sarlande, passage | du Gouvernement, place | de Chartres | 3 | B.-A. |
| Sarrazins, des | du Sphinx | du Delta | 2 | Casba. |
| Sauterelles, des | de la Marine | Mahon | 1 | Préfecture. |
| Savignac | Bab-el-Oued | Parodi, passage | 1 | B.-O. |
| Scipion | Bab-Azoun | de Chartres | 3 | B.-A. |
| Scorpion, du | Lalahoum | Locdor | 2 | Casba. |
| Selim, impasse | Alkermimout | | 2 | — |
| Séville | des Ecoles | de Lorraine | 5 | F. B.-O. |
| Sidi-Abdallah | Kléber | Randon | 2 | Casba. |
| Sidi ben N'our | de Champagne, boulev. | d'Alsace | 5 | F. B.-O. |
| Sidi-Ferruch | Bab-el-Oued | Lalahoum | 2 | B.-O. |
| Sidi-Ferruch, impasse | Sidi-Ferruch | | 2 | — |
| Sidi-Hellel | Addada | Lahemar | 2 | — |
| Sidi-Moloky. impasse | Bab el-Oued | | 2 | — |
| Sidi-Ramdan | Barberousse | de la Casba | 2 | Casba. |
| Siduey-Smith | Kléber | d'Alexandrie | 2 | — |

| | | | | |
|---|---|---|---|---|
| Silène, impasse | de la Girafe | | 2 | Casba. |
| Soggémah | Charles-Quint | de l'Intendance | 2 | B.-O. |
| Soleil, impasse | Philippe | | 1 | Préfecture. |
| Solférino | de Chartres, place | de la Lyre | 3 | Lyre. |
| Sophonisbe | Desaix | Barberousse | 2 | Casba. |
| Soudan, du | du Gouvernement, pl. | Salluste | 2 | — |
| Soult-Berg, place | d'Orléans | de la Charte | 1 | Préfecture. |
| Sphinx, du | des Abencérages | Annibal | 2 | Casba. |
| Staouéli | Randon, place | Bleue | 2 | — |
| Strasbourg | Carnot, boulevard | de Constantine | 4 | Constantine. |

**T**

| | | | | |
|---|---|---|---|---|
| Tagarins | Rovigo | Portes du Sahel | 4 | Casba. |
| Tancrède | d'Isly | Négrier | 4 | Isly. |
| Tanger | Dumont-d'Urville | du Marché | 4 | — |
| Tanger, impasse | Tanger | | 4 | — |
| Tanneurs, des | d'Isly | Rovigo | 4 | — |
| Taureau, du | de la Gazelle | de la Victoire, boulev. | 2 | Casba. |
| Taverne, de la | des Lotophages | Bélisaire | 1 | Préfecture. |
| Télemly, du | Porte-Neuve | Gambetta, boulevard | 2 | Casba. |
| Thèbes, de | de la Grue | Annibal | 2 | — |
| Tigre, du | Sidi-Ramdan | des Maugrebins | 2 | — |
| Tivoli | d'Isly | Bugeaud, boulevard | 4 | Isly. |
| Tombouctou | Annibal | de la Casba | 3 | Casba. |
| Toulon, de | Soggemah | — | 3 | — |
| Tourville | Bab-el-Oued | Bab-el-Oued | 1 | B.-O. |
| Traversière | Philippe | des Consuls | 1 | Préfecture. |
| Trois-Couleurs | de la Révolution | de la Pêcherie, place | 1 | — |
| Turgot | de Constantine | de l'Abreuvoir | 3 | Constantine. |

## U

| RUES | TENANTS | ABOUTISSANTS | Arrond<sup>t</sup> | QUARTIERS |
|---|---|---|---|---|
| Utique, impasse d'........ | Caton.............. |  | 2 | Casba. |

## V

| RUES | TENANTS | ABOUTISSANTS | Arrond<sup>t</sup> | QUARTIERS |
|---|---|---|---|---|
| Valazé, impasse......... | Porte-Neuve......... |  | 2 | Casba, |
| Valée, boulevard......... | Valée, rampe ........ | Prison-Civile, esplanade | 2 | — |
| Valée, rampe .......... | Bab-el-Oued, place... | Va ée, boulevard...... | 2 | — |
| Vallon, impasse du ...... | Marie-Lefèvre........ |  | 4 | Islv. |
| Vandales, des ......... | de la Gazelle........ | Héliopolis........... | 2 | Casba. |
| Varennes ........... | d'Isly .......... | Négrier ........... | 4 | Islv. |
| Verdun........... | des Écoles......... | de Lorraine.... .... | 5 | F. B.-O. |
| Viala, impasse ......... | Porte-Neuve......... |  | 2 | Casba. |
| Vialar ........... | du Gouvernement, pl.. | de la Lyre........ | 3 | Lyre. |
| Victoire, boulevard de la .. | Rovigo........... | de la Prison-Civile..... | 2 | Casba. |
| Vieux-Palais, du......... | du Soudan......... | Jénina ........... | 1 | B.-O. |
| Vigie ............. | de Champagne, boulev. | Camille Douls.. ...... | 5 | F. B.-O. |
| Villegagnon .......... | Lahemar ......... | du Scorpion ....... | 2 | Casba. |
| Violette ......... | d'Isly............ | de la Poudrière ..... | 4 | Isly. |
| Voirol... ......... | Rovigo........... | Rovigo........... | 4 | Rovigo. |
| Volland .......... | Amiral-Pierre........ | Bab-el-Oued, place ... | 1 | B. O. |
| Voltaire............ | de Champagne. boulev. | de Dijon........... | 5 | F. B.-O. |

## W

| RUES | TENANTS | ABOUTISSANTS | Arrond<sup>t</sup> | QUARTIERS |
|---|---|---|---|---|
| Waïsse............ | Carnot, boulevard..... | de Constantine........ | 4 | Constantine. |
| Weimbrenner.......... | Malakoff, avenue....... | Durando, avenue...... | 5 | F. B.-O. |

## X

| | | | | |
|---|---|---|---|---|
| Ximenès | de la Victoire, boul | Héliopolis | 2 | Casba. |

## Z

| | | | | |
|---|---|---|---|---|
| Zama | Porte-Neuve | Kléber | 2 | Casba. |
| Zaphira | de la Girafe | Caton | 2 | — |
| Zouaves | Sidi-Ramdan | de l'Ours | 2 | — |

# VILLE DE MUSTAPHA

## A

| RUES | TENANTS | ABOUTISSANTS | QUARTIERS |
|---|---|---|---|
| Abbé-Grégoire, chemin. | Balzac, Usine à Gaz | chemin Yusuf | au Pâté. |
| Abd-el-Kader, chemin. | chemin Laurent-Pichat. | campagne Mestayer | limite de la Commune. |
| Alfred-de-Musset | Sadi-Carnot, 78 | de Lyon, 1 | longe l'Arsenal. |
| Alsace, d' | de Lyon, 98 | Marey | Belcourt. |
| Amourah, d' | Actuellement rue Bouscarren. | — | au Hamma. |
| Ampère | Michelet, au-des. Horace-Vernet | chemin de la Solidarité. | Agha-Supérieur. |
| Anglade | de Lyon, 83 | en face l'allée des Mûriers. | Belcourt. |
| Arago | chemin Abbé-Grégoire. | Margueritte | au Pâté. |
| Aubert | boul. Victor-Hugo | chemin Abbé-Grégoire. | Plateau Bacuet. |
| Auguste-Comte | de Lyon, 72 | boul. de la République. | Belcourt. |

**B**

| RUES | TENANTS | ABOUTISSANTS | QUARTIERS |
| --- | --- | --- | --- |
| Balzac | Sadi-Carnot. 56 | chemin Abbé-Grégoire. | près l'Usine à Gaz. |
| Barbès | boul. Victor-Hugo | Edgard-Quinet, 20 | Plateau Saulière. |
| Bastide | chemin Abbé-Grégoire | chemin Yusuf | au Pâté. |
| Baudin | Porte de Bab-Azoun | Sadi-Carnot, 1 | Carrefour de l'Agha. |
| Beauprêtre, boul | Chemin Abbé-Grégoire. | près l'Eglise anglaise | terrain Darwin. |
| Beauprêtre, place | sur le boul. Beauprêtre. | | |
| Beauregard (ancienne rue de l'Orangerie) | de Lyon | boul. du Jardin d'Essai | Hamma. |
| Beaurepaire, chemin | Michelet (Colonne-Voirol) | à la limite de la Commune | coté d'El-Biar. |
| Bel-Air, du | Balzac | Parc à fourrages | Hôpital. |
| Belfort, de | de Metz | de Lorraine, 25 | Champ de Manœuvres. |
| Belfort, escaliers | de Belfort | — | — |
| Bellevue | boul Bon-Accueil | chemin du Télemly | Bon-Accueil. |
| Béranger | de Lyon, 30 | chemin Yusuf | Champ de Manœuvres. |
| Bertholon, place | Entre les r. Michelet et Liberté | | Agha-Inférieur |
| Bichal, chemin | | — | — |
| Bitsch | Michelet, 23 | de la Liberté, 12 | Agha. |
| Bisson | Aubert prolongée | Meissonnier | Plateau Bacuet. |
| Blandan | Michelet, 62 | au Ravin | Agha-Supérieur. |
| Blanc (Paul), chemin | Sadi-Carnot, pr. atel. Ch. Fer. | Equarissage Vidal Frères | Hamma. |
| Bobillot, chemin | de Lyon. 26 | Michelet | Mustapha-Supérieur. |
| Bodichon (Dr) | Sadi-Carnot, près la Malterie. | de Lyon, 111 | anc. rue de l'Industrie. |
| Bois-la-Reine | Marev | chem. de la Font.-Bleue. | Bois-la-Reine. |
| Bois-la-Reine, boul | Darwin | chem. de la Font.-Bleue. | Bois-la-Reine. |
| Bon-Accueil boul | Michelet, 2 | chemin du Télemly | des Ecoles supérieures. |
| Bon-Accueil, passage | Michelet | boul. Bon-Accueil | — |
| Bourgogne, de | du Languedoc | boul. Bon-Accueil | — |

| | | | |
|---|---|---|---|
| Bourlon | Sadi-Carnot, 30 | Michelet, 49 | Agha-Supérieur. |
| Bouscarren | Sadi-Carnot, pr. Jardin-d'Essai | rue de Lyon | Jardin-d'Essai. |
| Brazzaville | Jacquart | Arago | au Pâté. |
| Bru, boulevard | Michelet, pr. l'Hôtel St-George | chemin du Cimetière | Mustapha-Supérieur. |
| Buneautre | Sadi-Carnot, 39 | Molière | Moulin de l'Agha. |
| Buneautre, passage | Buneautre | | |
| Buffon, chemin | Sadi-Carnot, 163 | entre la voie ferrée et la mer | Village Charles-Quint. |

C

| | | | |
|---|---|---|---|
| Calmès, impasse | du Languedoc | Villa Waligorsky | Bon-Accueil. |
| Camille-Desmoulins | Aubert prolongée | Horace-Vernet | Plateau Bacuet. |
| Caravansérail, passage | Warnier | Charras | Agha. |
| Charras | Michelet (parc d'Isly) | carrefour de l'Agha | — |
| Chateaudun, de | de la Liberté | place Bertholon | — |
| Chemin Romain | Margueritte (parc d'Artillerie) | à la rue Michelet | près de l'Eglise. |
| Clauzel | carrefour de l'Agha | Edgard-Quinet | Plateau-Saulière. |
| Collot | Bois-la-Reine | chem. de Font.-Bleue | Bois-la-Reine. |
| Colons, des | Molière | Sadi-Carnot, 93 | Champ de Manœuvres. |
| Colonel Combes | de Lyon, 136 | dans la montagne | près le Cimet. Arabe. |
| Condorcet, chemin | de Fontaine-Bleue | chemin Shaskespeare | ancienne t. av. de Birmandreïs |
| Corneille | chemin romain | Brazzaville | au Pâté. |
| Courbet | boul. Victor-Hugo, 5 | Edgart-Quinet, 8 | Plateau-Saulière. |

D

| | | | |
|---|---|---|---|
| Daguerre | Valentin, 9 | chemin du Télemly | boulev. Bon-Accueil. |
| Damrémont, passage | Lamartine | Flatters | Belcourt. |
| Danton | Ch. Bobillot, pr. les Ecol. Sup. | à un chem. particulier | près la villa Sintès. |
| Danton, impasse | chemin Danton | | |
| Darwin | Fontaine-Bleue | Bois-la-Reine | fontaine-bleue. |
| Deldroux, chemin | ch. Vauban, pt de l'oued Kniss | rue de Lyon, au pont de | Kouba. |

| RUES | TENANTS | ABOUTISSANTS | QUARTIERS |
| --- | --- | --- | --- |
| Denfert-Rochereau . . | Marché Clauzel........ | Edgard-Quinet........ | Plateau-Saulière. |
| Départ, du............ | boulevard Bru........ | ch. Fontaine-Bleue..... | Fontaine-Bleue. |
| Desfontaines.......... | boulev. Bon-Accueil ... | Daguerre ........... | boulev. Bon-Accueil. |
| Diderot ............. | chem. Abbé-Grégoire .. | boulevard Beauprêtre .. | Plateau Bacuet. |
| Dijon, de............ | Sadi-Carnot, 69 ...... | impasse cité Barthe.... | de la Mairie. |
| Duguay-Trouin....... | Meissonnier ......... | Aubert prolongée..... | Plateau Bacuet. |
| Dutertre, ruelle ...... | Sadi-Carnot, 55....... | Buneautre ........... | de la Mairie. |

**E**

| RUES | TENANTS | ABOUTISSANTS | QUARTIERS |
| --- | --- | --- | --- |
| Ecoles, des .......... | Ménerville........ | Bourlon............. | Agha. |
| Ecosse, ch. l' (an. Sacré-Cœur | Michelet (Station sanitaire).. | chemin du Télemly .... | du Sacré-Cœur. |
| Edgard-Quinet ........ | Balzac ........... | le long de l'Usine à Gaz | à la rue Michelet, 62. |
| Enfantin.. .......... | r. Michelet (Temple Irlandais) | chemin de l'Ecosse..... | Plateau-Saulière. |
| Edmond-Adam........ | boulev. Victor-Hugo ... | Edgard-Quinet........ | Usine à Gaz. |
| El-Biar d'........... | boulev. Bon-Accueil.. . | Daguerre...... ..... | Bon-Accueil. |

**F**

| RUES | TENANTS | ABOUTISSANTS | QUARTIERS |
| --- | --- | --- | --- |
| Flatters............. | de Lyon, 13......... | passage Rabelais..... | Belcourt. |
| Fontaine-Bleue........ | près le Groupe Scolaire | chem. Laurent Pichat. | près le Cimetière. |
| Fourchault, chemin.... | Pont d'Hussein-Dey.... | limite de la Commune.. | au ravin de la Femme-Sauvage |
| Francis-Garnier ...... | boul. Beauprêtre ...... | terrains Davin........ | |
| Froidevaux, passage... | ch. d'Ecosse.pr. l'anc. Poterie | chemin du Télemly.... | |
| Fromentin...... ... | de Lyon, 82.......... | l'arc Bois-la-Reine..... | Belcourt |

**G**

| RUES | TENANTS | ABOUTISSANTS | QUARTIERS |
| --- | --- | --- | --- |
| Gaîté, de la.......... | boulevard Bru........ | terrains vagues........ | boulevard Bru. |
| Gare, avenue de la..... | Baudin............. | Gare de marchandises.. | Agha. |
| Golfe, chemin du...... | Molière, pass. à niveau. | longe la mer jusqu'au | bassin de radoub. |

| Garibaldi ........... | Sadi-Carnot, 45 ...... | Buneautre ........... | Moulin de l'Agha. |
| Gascogne, chemin de.. | près le Parc d'Artillerie . | Michelet. .......... | Colonne-Voirol. |

**H**

| Henri-Rivière ........ | chemin Fourchault..... | chem. de Fontaine-Bleue. | ravin Femme-Sauvage. |
| Herran............. | Sadi-Carnot, pr. Jardin-d'Essai | r. de Lyon, p. glac.re Marthoud | Hamma. |
| Hoche.............. | Sadi-Carnot, 44 ....... | Michelet, 62.......... | Plateau Saulière. |
| Hoche, place. ...... | Hoche..... | | — |
| Horace-Vernet........ | Michelet, ancienne rue.. | ravin Davin.......... | au Pâté. |

**I**

| Industrie de l'........ | actuellement r. Dr Bodichon. | | Hamma. |
| Isly supérieur, chem. d'. | ch. Télemly, camp. Villenave. | | sous le fort l'Empereur. |

**J**

| Jacquart............ | Arago ............. | chemin Yusuf......... | au Pâté. |
| Jardin-d'Essai, boul. du. | de l'Industrie......... | Jardin d'Essai........ | du Hamma. |
| Jeanne-d'Arc. place.... | intersect. r. Union et bd Thiers | — | de l'Abattoir. |
| Jemmapes, chemin de.. | Parc des ouvriers d'Artillerie | au Pâté ........... | campagne Yusuf. |
| Julienne............ | boul. de la République.. | Marey ............. | aqueduc du Hamma. |

**K**

| Kablé.............. | chem. Fontaine-Bleue .. | chem. Shaskeapeare.... | Bois-de-Boulogne...... |

**L**

| Lakanal............ | chemin Marcel Pallat... | chemin du Télemly..... | village d'Isly. |
| Lamarck ........... | de Lyon, 88.......... | boul. de la République, 30 | Belcourt. |
| Lamartine .......... | de Lyon, 11.......... | Terrains Roux, pass. Rabelais | Belcourt. |
| Languedoc .......... | Blandan ...... | de Picardie.......... | Agha-Supérieur. |
| Latour-d'Auvergne..... | Aubert prolongée..... | mur d'enceinte du Gaz . | Plateau Bacuet. |

| RUES | TENANTS | ABOUTISSANTS | QUARTIERS |
| --- | --- | --- | --- |
| Laurent-Pichat, chemin. | chem. de Fontaine-Bleue | au-dessus du Cimetière. | ravin de la Femme-Sauvage. |
| Lelièvre | de Lyon, p. Brasserie Marschal | aqueduc du Hamma. .. | Belcourt. |
| Libre-Pensée, chemin | chemin Littré | limite de la Commune .. | côté d'El-Biar. |
| Liberté, de la | carrefour de l'Agha | Michelet, 33 | Agha-Supérieur. |
| Lille, chemin de | ch. col<sup>el</sup>. Tartas, pr. c. Yusuf | rue Michelet | pr. camp. Grammond. |
| Littré, chemin | chemin du Télemly | près camp. Jourdan | chem. Colonel Tartas. |
| Locquimbert, impasse. | Sadi-Carnot, 97 | | Champ de Manœuvres. |
| Lorraine, de | de Lyon, 48 | Fontaine-Bleue, 4 | Champ de Manœuvres. |
| Lyon, de | Parc à fourrages | pont de l'Oued-Kennis .. | |

**M**

| RUES | TENANTS | ABOUTISSANTS | QUARTIERS |
| --- | --- | --- | --- |
| Maillot, avenue | rue Sadi-Carnot, 70 | à l'Hopital | Hôpital. |
| Marceau. | Ménerville, 6 | Bourlon | Plateau-Saulière. |
| Marey | Fontaine-Bleue | d'Alsace | Fontaine-Bleue. |
| Margueritte | Champ de Manœuvres. | longe parc à fourrages. | rue Arago au Pâté. |
| Meissonier | Hoche | place Raspail | Plateau Bacuet. |
| Meissonier, impasse | Meissonnier | | Plateau Bacuet. |
| Ménerville | Sadi-Carnot, 22 | Michelet, 37 | Plateau-Saulière. |
| Metz, de | de Lyon, 54 | de Belfort | Champ de Manœuvres. |
| Michelet | Porte d'Isly | Colonne-Voirol. | Colonne-Voirol. |
| Millet | Sadi-Carnot, pr. atel. Ch. Fer. | rue de Lyon | du Hamma. |
| Morès, chemin de | av. Maillot, longe l'hôpatal. | chem. Abbé-Grégoire. | Plateau Bacuet. |
| Molière | Sadi-Carnot, 55 | voie du chemin de fer. | de la Mairie. |
| Molière, place | Molière | | — |
| Mulhouse, de | Michelet, 2 pr. Ecoles. | finit au ravin | des Ecoles. |
| Mûriers, allée des | de Lyon, 112, à Belcourt, suit dans la montage vers le cimetière européen. | | |

## N

| | | | |
|---|---|---|---|
| Naudot | Bastide | boulev. Beauprêtre | terrains Davin. |
| Nestor-Paris | Sadi-Carnot, Oasis-des-Palm$^{rs}$ | voie du chemin de fer | du Jardin-d'Essai. |
| Nîmes, de | chem. de la Solidarité | Blandan | Agha-Supérieur. |

## O

| | | | |
|---|---|---|---|
| Ornans, d' | boul. de la République | Marey | Fontaine-Bleue |
| Orangerie, de l' | actuellement rue Beauregard | | Hamma. |

## P

| | | | |
|---|---|---|---|
| Paix | Fontaine-Bleue | Pont Rua | boulevard Bru. |
| Pallat Marcel, chem | chemin des Sciences | chemin Lakanal | village d'Isly. |
| Panama, de | Sadi-Carnot, 92 | boulevard Thiers | Abattoir. |
| Papin | Chateaudun | place Bertolhon | Agha. |
| Parc, du | actuellem$^t$ rue Herran | | Hamma. |
| Paris, de | Lyon, 52 | de Belfort | Champ de Manœuvres. |
| Parmentier | Baudin, 4 | Charras | Agha. |
| Pasteur, chemin | Parc d'Isly | chemin du Télemly | village d'Isly |
| Picardie, de | Michelet, 54 | du Languedoc | Agha-Supérieur. |
| Pierre, de | Michelet, 47 | Denfert-Rochereau | Plateau Saulière. |
| Pin | Ampère | Volta | |
| Poiret | Desfontaines | Daguerre | boul. Bon-Accueil. |
| Proud'hon, passage | Sadi-Carnot, 51 | Buneautre | Usine à Gaz. |

## Q

| | | | |
|---|---|---|---|
| Quatorze-Juillet, du | Alfred-de-Musset | de l'Union | Abattoir. |
| Quatorze-Juin, du | boul. Bon-Accueil, 34. | chemin du Télemly | boul. Bon-Accueil. |
| Quatre-Septembre, du | Sadi-Carnot, 63 | des Colons | Mairie. |

## R

| RUES | TENATS | ABOUTISSANTS | QUARTIERS |
| --- | --- | --- | --- |
| Rabelais, passage...... | Lamartine........... | Flatters ............ | Belcourt. |
| Raspail. ......... | Aubert............ | Horace-Vernet........ | Plateau Bacuet. |
| Raspail, place ........ | ent. les r. Raspail et Meisson^er | | Plateau Bacuet. |
| République, boul.... | de Lorraine........... | d'Alsace .. ......... | Champ-de-Manœuvres. |
| Rigodit ... ...... | Sadi-Carnot, 82 ...... | de Lyon, 3, à Belcourt.. | Belcourt. |
| Rochelle, chemin de la. | au Télemly ......... | propriété Ali-Cherif.... | limite de la Commune. |
| Rouget-de-l'Isle...... | Duguay-Trouin ...... | Aubert prolongée...... | Plateau Bacuet. |
| Rousseau, J.-J........ | boulev. Beauprêtre .... | Aubert prolongée...... | Plateau Bacuet. |

## S

| RUES | TENATS | ABOUTISSANTS | QUARTIERS |
| --- | --- | --- | --- |
| Sadi-Carnot........... | Carrefour de l'Agha.... | limite de com^ne d'Hussein-Dey | |
| Shaskeapare, chemin. . | rue Michelet....... ... | | Cimetière Européen. |
| Solidarité, chemin de la .... | Michelet, 64........... | au chemin du Télemly.. | Agha-Supérieur |
| Solitude, chem. de la... | Michelet, Egl.-M. Sup .. | à la Colonne-Voirol.... | Mustapha-Supérieur. |
| Strasbourg, de........ | Sadi-Carnot, 9......... | de la Liberté, 17....... | Agha. |
| Suez, de ........ .... | de Lyon, 27 ......... | boulevard Thiers...... | Belcourt. |

## T

| RUES | TENATS | ABOUTISSANTS | QUARTIERS |
| --- | --- | --- | --- |
| Tartras, Colonel...... | Michelet, en face l'Egl. | chem. de la Libre-Pensée | Mustapha-Supérieur. |
| Télemly............. | cité Bisch. aux 7 Merveilles.. | Michelet, pr. Palais Gouvern^r | |
| Thiers ............. | Danton ........... | chemin du Télemly.... | village d'Isly. |
| Thiers, boulevard... | Alfred-de-Musset ...... | place Jeanne-d'Arc..... | Abattoir. |
| Tour-d'Auvergne...... | Aubert ... ....... | Meissonnier ....-... | Plateau Bacuet. |
| Tours, de ......... | Marcy, prolongée...... | se perd dans la montagne.. | Plateau-Saulière. |
| Train, du........... | boulevard Bru ....... | Montagne........... | boulevard Bru. |
| Trollier, avenue...... | le Lyon, 26 .... .... | chemin Yusuf......... | à côté de l'Eglise. |

## U

| | | | |
|---|---|---|---|
| Union, de l' | de Lyon, 21 | Sadi-Carnot, 96 | Belcourt. |

## V

| | | | |
|---|---|---|---|
| Valentin | Michelet, 4 | ravin Bourgoin | près des Ecoles. |
| Valmy, passage | chemin de l'Ecosse | chemin du Télemly | |
| Vauban, chemin | Sadi-Carnot, à l'angle du Jardin d'Essai, finit à l'oued Knis. | | |
| Vialar, baron | de Lorraine | de Paris | Fontaine-Bleue. |
| Victor-Hugo | Sadi-Carnot, 34 | Michelet, 55 | Plateau-Saulière. |
| Voltaire | Jacquart | Horace-Vernet | Plateau Bacuet. |
| Volta | Michelet | Ampère pas$^c$ derr$^{re}$ le marché | Agha-Supérieur. |

## W

| | | | |
|---|---|---|---|
| Warnier | de la Liberté, 2 | Michelet, 13 | Agha. |
| Warot, impasse | Sadi-Carnot, 105 | | Champ de Manœuvres. |

## Y

| | | | |
|---|---|---|---|
| Yusuf, chemin | de Lyon pr. le groupe Scolaire | Michelet, pr. villa Foa. | Plateau-Saulière. |

# VILLE DE SAINT-EUGÈNE

## B

| RUES | TENANTS | ABOUTISSANTS | QUARTIERS |
|---|---|---|---|
| Bains, des | avenue Malakoff | à la mer | Mairie. |
| Barrière, de la | avenue Malakoff, Poste. | à la mer | Mairie. |

**C**

| Carnot............... | avenue Malakoff....... | à la mer ............ | Plateau. |
| Carrière, de la ........ | extrémité rue du Puits. | rue du Séminaire...... | Mairie. |
| Consuls, vallée des ... | Notre-Dame-d'Afrique. | Montagne au-dessus... | Pointe-Pescade. |

**E**

| Ecoles, des.......... | avenue Malakoff....... | Salvandy............ | Cimetière. |
| Est, de l' .......... | avenue Malakoff....... | du Fort ............ | Cimetière. |

**F**

| Fort, du .. ......... | Fort des Anglais ...... | des Roseaux.... ... | Cimetière. |
| Fortin, ruelle du ..... | avenue Malakoff....... | dans la montagne .... | Plateau. |

**G**

| Gambetta, boulevard .. | avenue Malakoff ...... | à la mer ............ | Plateau. |
| Gendarmerie, de la.... | avenue Malakoff....... | de la Carrière ........ | Eglise. |

**L**

| Liébert ............. | du Rond-Point........ | avenue Malakoff....... | Eglise. |

**M**

| Malakoff, avenue ...... | traverse la ville dans | toute sa longueur. | |
| Mûriers, des.......... | av. Malakoff, au lavoir. | des Tourelles ........ | Cimetière. |

**N**

| Neuve.............. | du Puits, der. la Mairie | de la Carrière........ | Mairie. |

**O**

| Ouest, impasse de l'. . | avenue Malakoff ...... | | Plateau. |

## P

| | | | |
|---|---|---|---|
| Pointe, de la ......... | Route du Plateau au Hameau de la Pointe-Pescade. | | |
| Pont, du ........... | des Ecoles ........... | Neuve ........... | Eglise. |
| Poudrière, de la ...... | boulevard Gambetta ... | le long de la mer ..... | Plateau. |
| Puit, du ........ ... | des Ecoles ...... .. | de la Carrière......... | Mairie. |

## R

| | | | |
|---|---|---|---|
| Ravin, du ......... | avenue Malakoff...... | Liébert ...... | |
| Réserve, de la ........ | avenue Malakoff ..... | du Fort ......... | Cimetière. |
| Rond-Point, du ... ... | à la mer, villa Falaises. | Liébert. ........... | Eglise. |
| Roseaux . ........... | avenue Malakoff.. ... | du Fort ........ | Cimetière. |

## S

| | | | |
|---|---|---|---|
| Salvandy............ | avenue Malakoff....... | à la montagne . . . . . | Eglise. |
| Séminaire .......... | — | au Séminaire ......... | — |

## T

| | | | |
|---|---|---|---|
| Tourelles........... . | avenue Malakoff....... | à la mer........... | Cimetière. |

## V

| | | | |
|---|---|---|---|
| Victor-Hugo .... ..... | avenue Malakoff...... | à la mer ........... | Plateau. |

## W

| | | | |
|---|---|---|---|
| Warnier ........... | avenue Malakoff..... . | du Fort ....... ..... | Cimetière. |

# JOURNAUX PARAISSANT A ALGER

*La Dépêche Algérienne*, quotidien, rue Lamoricière, 1.

*Le Télégramme Algérien*, quotidien, rue Blandan, Plateau-Saulière.

*La Vigie Algérienne*, quotidien, rue Tanger, 22.

*L'Antijuif*, quater-hebdomadaire, boulevard Bon-Accueil, 34, Plateau-Saulière.

*La Croix d'Algérie et de Tunisie*, bi-hebdomadaire, rue de Constantine, 15.

*Le Sémaphore Algérien*, bi-hebdomadaire, rue de Strasbourg, 9.

*Le Turco-Vélo*, hebdomadaire, rue de Constantine, 30.

*La Revue Algérienne illustrée*, hebdomadaire, rue de Constantine, 30.

*Le Bulletin Officiel des Actes du Gouvernement de l'Algérie.*

*Le Mobacher*, bi-hebdomadaire.

*Le Journal des Tribunaux Algériens*, bi-hebdomadaire, bazar du Commerce.

*Le Journal Général de l'Algérie et de la Tunisie*, rue d'Orléans, 29.

*Le Moniteur des Travaux de l'Algérie et de la Tunisie*, rue Mogador, 17.

*Le Journal des Colons*, hebdomadaire, boulevard Carnot, 12.

*Le Supplément Illustré de l'Antijuif*, hebdomadaire, boulevard Bon-Accueil, 34, Plateau-Saulière.

# CONSULS & AGENTS CONSULAIRES

## *A ALGER*

**ALLEMAGNE** (Empire d'). — M. Von Syburg, consul, rue Michelet, 49, Agha-Supérieur.

**ANGLETERRE** (Royaume d'). — Captain Hay-Newton, consul général, boulevard Carnot, 6, Alger.

Drummond Hay (Francis Edwards), vice-consul, rue du Hamma, 12, Alger.

**AUTRICHE-HONGRIE** (Empire d'). — Foliet de Grenneville Pontet (de), consul général, boulevard Carnot, 6, Alger.

**ARGENTINE** (République). — M. Jacques, Louis, ✻, consul, boulevard de la République, 11, Belcourt-Mustapha.

**BELGIQUE** (Royaume de). — Brissonnet, consul ; bureaux : rue de la Liberté, 10, Alger.

**BRÉSIL.** — Montillet, consul, rue Ledru-Rollin 7.

**COLOMBIE** (E.-U.). — Truyol Solano, consul, Saint-Eugène.

**DANEMARK** (Royaume du). — Docteur Nissen, vice-consul, à la villa Nissen, boulevard Bru.

**ESPAGNE** (Royaume d'). — Bonilla Martel, consul général, rue Littré, 2.

**ETATS-UNIS** de l'Amérique du Nord. — Daniel Skidder, consul, rue Mogador, 14.

**GRÈCE** (Royaume de). — Bergeret, consul, boulevard de la République, 10, Alger.

**HAÏTI** (République d'), — Quirot, A. ✻, consul, rue Daguerre, Agha-Mustapha.

**ITALIE** (Royaume d') — Revest, consul général, rue de Strasbourg, 9, Alger.

**MEXIQUE** — Hiartz, consul général en France, avec juridiction sur l'Algérie, rue du Marché, 4.

Monaco (Principauté). — Petitjean, O ✹ consul, boulevard Bon-Accueil, 22, Mustapha.

Nicaragua (République du). — N.., consul.

Paraguay (République du). — Weills, rue de la Liberté, 8, Alger.

Pays-Bas (Royaume des). — Van Vollenhoven, consul, rue Tivoli, 1, Alger.

Pérou (République du). — Truyol, consul général, à Saint-Eugène.

Portugal (Royaume du). — Burke, consul général, rue Colbert, 2, Alger.

Russie (Empire de), Nasimoff, ✹, C ✠, C ✠, consul, rue Ledru-Rollin, 7, Alger.

Suède et Norwège (Royaume de). — Houge, vice-consul, boulevard Bon-Accueil, Mustapha.

Suisse (Confédération). — Borgeaud, consul, boulevard Carnot, 12, Alger.

Vénézuéla. — Wactjen, consul général, à El-Biar.

Le Guatémala. — Guantron, à Mustapha

### Dans le Département

à Ténès. — Espagne : M. Batrieu, vice-consul.

à Cherchell. — Espagne : M. N... vice-consul.

à Médéa. — Espagne : M. Brugerolle, vice consul.

---

# SERVICES DE LA POLICE

## Commissariat Central

MM. SCHWARTZ, *Commissaire Central*, Rue Scipion, 3.
ROBLIN, *Inspecteur-Chef.*
VUILLEMEZ, *Secrétaire en Chef.*

### 1er Arrondissement, Rue Amiral-Pierre

MM. HUGUENIN, *Commissaire.*
VAILLANT, *Inspecteur.*

### 2e Arrondissement, Rue Marengo

MM. BIGOT, *Commissaire.*
MOREAU, *Inspecteur.*

### 3e Arrondissement, Rue Scipion, 3

MM. FAURE, *Commissaire.*
ALBITRE, *Inspecteur.*

### 4e Arrondissement, Rue Rovigo, 10

MM. DETCHESSHAR, *Commissaire.*
LERAT, *Inspecteur.*

### 5e Arrondissement, Faubourg Bab-el-Oued

M. PASTOR, *Inspecteur.*

## POSTES DE POLICE

Rue de la Bombe, Casbah.
Fort Bab-Azoun.
Cité-Bisch, rue Dupetit-Thouars.

AU TIGRE ROYAL

# E. NESSLER

PELLETIÈRE NATURALISTE

DIPLOME D'HONNEUR

*ALGER. — 18, Rue de Constantine, 18 (Sous les Arcades). — ALGER*

GRAND ASSORTIMENT DE PEAUX DE MOUTONS & DE CHÈVRES DU THIBET

Nettoyage et Teinture de Plumes

VENTE ET ACHAT DE PEAUX

# SERVICE

## DES

# POSTES & TÉLÉGRAPHES

AU MEILLEUR MARCHÉ

Ancienne Maison Moindron

L. GUILHOT, Successeur

3 bis, Rue Dumont-d'Urville

NOUVEAUTÉS. — SPÉCIALITÉ DE BLANC

SOIERIES - LAINAGES

TISSUS - DEUIL - AMEUBLEMENTS - CARPETTES

Linge confectionné, Parapluies, etc.

# SERVICE DES POSTES

*Tarifs des lettres, mandats et objets expédiés par la poste*

*Lettres ordinaires*. — France, Algérie, Tunisie : 0 fr. 15 par 15 grammes ; double taxe pour les correspondances non affranchies. Colonies françaises et contrées d'Europe : 0 fr. 25 par 15 grammes.

*Cartes postales*. — France, Algérie, Tunisie, Colonies françaises et contrées d'Europe : 0 fr. 10 et 0 fr. 20 avec réponse payée.

*Lettres et objets recommandés affranchis à prix réduits*. — France, Algérie, Tunisie ; même taxe que pour les lettres et objets recommandés, plus un droit de 0 fr. 10 par fraction indivisible de 500 francs. Déclaration minima : 10.000 fr.

Colonies françaises et contrées d'Europe : même taxe qu'au paragraphe précédent, plus un droit d'assurance.

*Bijoux et objets précieux*. — France, Algérie, Tunisie : 1° droit fixe de recommandation, 0 fr. 25 ; 2° droit fixe de 0 fr. 10 par 500 fr. ou fraction ; 3° droits de transports de 0 fr. 25 par 50 grammes, d'après le tarif des échantillons, mais sans limite de poids ; maximum : 10.000 francs. Dimension des boîtes, 30 centimètres en longueur et 10 centimètres en largeur et hauteur, épaisseur 8 millimètres.

*Mandats postaux*. — France et Algérie : Droits sur le montant des mandats, jusqu'à 20 fr. à 0 fr. 05 par 5 fr. ou fraction de 5 fr. ; de 20 fr. 01 à 50 fr., 0 fr. 25 ; de 50 fr. 01 à 100 fr., 0 fr. 50 ; de 100 fr. 01 à 300 fr., 0 fr. 75 ; de 300 fr. 01 à 500 fr., 1 fr. ; de 500 fr. 01 à 1.000 fr., 1 fr. 25, et ainsi de suite en ajoutant 0 fr. 25 par 500 francs ou fraction de 500 francs. — Le versement de sommes à titre d'articles d'argent est illimité.

*Recouvrements*. — Chaque valeur ne doit pas dépasser 2 000 fr. Il est perçu un droit de 0 fr. 25 par envoi, quel que soit le nombre des valeurs ; sur le montant de chaque valeur recouvrée, il est perçu 0 fr. 10 par 20 fr. ou fraction, avec un maximum de 0 fr. 50.

Toute valeur présentée à l'encaissement et non recouvrée est passible d'une taxe de 0 fr. 10.

*Imprimés sous bandes.* — France et Algérie : 0 fr. 01 par 5 grammes jusqu'à 20 grammes ; au-dessus, 0 fr. 05 par fraction indivisible de 50 grammes.

*Imprimés sous enveloppes ouvertes.* — France et Algérie, 0 fr. 05 par fraction indivisible de 50 grammes ; poids maximum 3 kilog., dimension maximum 5 centimètres.

*Papiers d'affaires.* — Colonies françaises et contrées d'Europe : 0 fr. 25 pour les 250 premiers grammes ; au-delà, 0 fr. 05 par fraction indivisible de 50 grammes jusqu'au maximum de 3 kilogrammes.

*Journaux et imprimés.* — 0 fr. 05 par 50 grammes ; maximum, 3 kilogrammes.

*Echantillons de marchandises.* — France et Algérie : 0 fr. 05 par fraction indivisible de 50 grammes ; poids maximum, 350 grammes ; dimension maxima, 30 centimètres. Les échantillons sur cartes peuvent mesurer 45 centimètres.

## SERVICE DES TÉLÉGRAPHES

### *Taxe des télégrammes échangés*

1° Entre les bureaux de la France continentale et de la Corse, en outre les bureaux d'Algérie ou de Tunisie, et, par assimilation, entre les bureaux français et les bureaux de la Principauté de Monaco ou entre ces derniers :

De 1 à 10 mots....................... 0 fr. 50

Au-delà de 10 mots, et sans limite, par mot. 0 fr. 05

2° Entre les bureaux de la France continentale et de la Corse, et par assimilation, les bureaux de la Principauté de Monaco, d'une part, et les bureaux de l'Agérie ou de la Tunisie, d'autre part, et transmis par moitié par les câbles :

De 1 à 10 mots . ..................... 1 fr. »

Au-delà de 10 mots et sans limite, par mot. 0 fr. 10

# SERVICE DES COLIS POSTAUX

*Colis Postaux échangés entre l'Algérie, la Tunisie, la France, les Colonies françaises et l'Etranger*

Le service des colis postaux est exécuté au nom et sous le contrôle de l'Administration des Postes, par les Compagnies de chemin de fer et par les Compagnies maritimes ci-après : Compagnie Générale Transatlantique, Compagnie de Navigation mixte, Société Générale des Transports Maritimes à vapeur et Société Caillol et Saintpierre.

*Poids, Dimensions, Volumes.* — Les colis circulant à l'intérieur de la France continentale ne sont soumis à aucune condition limitative de volume ou de dimension. Ceux de 0 à 5 kilos, à destination de l'Algérie et de la Tunisie, ne peuvent avoir une dimension supérieure à 0,60 centimètres ni un volume excédant 25 décimètres cubes. Par exception, ces colis peuvent renfermer des objets dépassant la longeur et la limite ci-dessus, tels que parapluies, cannes, etc., pourvu que ces colis aient une faible épaisseur et ne soient pas encombrants.

Pour les colis de 5 à 10 kilos, leur dimension ne peut-être supérieure à 1 m. 50 ; leur volume est ensuite limité à 55 décimètres cubes.

# SERVICES MARITIMES POSTAUX
## ENTRE LA FRANCE, L'ALGÉRIE ET LA TUNISIE

## ALGER

### DÉPARTS DE FRANCE

| | DÉPART | | ARRIVÉE | |
|---|---|---|---|---|
| Lundi...... | 1ʰ » s. de Marseille.... | Mardi..... | 3ʰ 30 s. à Alger. | |
| Mercredi... | 1 » s. — | Jeudi...... | 3 30 s. — | |
| Jeudi...... | 1 » s. — | Vendredi.. | 8 » s. — | |
| Samedi.... | 1 » s. — | Dimanche. | 3 30 s. — | |
| Dimanche.. | 8 » s. de Port-Vendres | Mardi... . | 5 15 m. — | |
| Dimanche.. | 5 » s. de Marseille.... | Mardi..... | 6 30 m. à Bougie. | |
| | | Mercredi.. | 6 » m. à Alger. | |

### DÉPARTS D'ALGER

| | DÉPART | | ARRIVÉE | |
|---|---|---|---|---|
| Lundi...... | 2ʰ » s. d'Alger..... | Mardi...... | 9ʰ » s. à Marseille | |
| Mardi...... | 12 30 s. — | Mercredi... | 3 » s. — | |
| Mercredi... | 12 30 s. — | Jeudi....... | 9 45 s. à Port-Vendres. | |
| Mercredi... | 8 » s. — | Jeudi....... | 6 » m. à Bougie. | |
| | | Samedi.... | 10 » m. à Marseille | |
| Jeudi....... | 12 30 s. — | Vendredi... | 3 » s. — | |
| Samedi.... | 12 30 s. — | Dimanche.. | 3 » s. — | |

### LIGNE COTE EST

| Jeudi....... | 10ʰ m. pr. Alger, av. escales. | Lundi.... | 5 h. » m. à Alger. |
|---|---|---|---|
| Samedi.... | 6 s. pr. Tunis, — | Mercredi. | 3 » s. à Tunis. |

## ORAN

### DÉPARTS DE FRANCE

| | DÉPART | | ARRIVÉE | |
|---|---|---|---|---|
| Mardi...... | 5ʰ » s. de Marseille... | Jeudi...... | 8ʰ » s. à Oran. | |
| Jeudi...... | 5 » s. — | Samedi... | 10 » m. — | |
| Vendredi.. | 3 » s. de Port-Vendres..... | Samedi... | 9 » s. — | |
| Samedi.... | 5 » s. de Marseille... | Lundi..... | 10 » m. — | |
| | | Mardi..... | 8 » m. à Carthagène | |

### DÉPARTS D'ORAN

| | DÉPART | | ARRIVÉE | |
|---|---|---|---|---|
| Mardi...... | 5ʰ » s. d'Oran....... | Jeudi...... | 10ʰ » m à Marseille | |
| Jeudi...... | 5 » s. — | Samedi... | 10 » m. — | |
| Lundi...... | midi — | Mercredi.. | 6 » m. à Port-Vendres. | |
| Samedi.... | 5 » s. — | Lundi..... | 8 » s. à Marseille. | |

### LIGNE DE LA COTE

| Mercredi.. | 10 h. m. pr. Oran, av. escales. | Samedi. | 3 h. 15 m. à Oran. |
|---|---|---|---|
| Dimanche.. | 9 s. pr. Tunis, — | Mardi... | 3 » s. à Tanger |

# CONSTANTINE
## DÉPARTS DE FRANCE

| DÉPART | | | ARRIVÉE | |
|---|---|---|---|---|
| Mardi........ | 5 h. » s de Marseille.. | | Mercredi. minuit à Bône. | |
| | | | Jeudi..... 10 h. » s à Philippeville | |
| Jeudi....... | midi | — | Vendredi. 9 » s. | — |
| Samedi ... | midi | — | Dimanche 6 » s. | — |
| | | | Mardi .... 4 » m. à Bône. | |
| Dimanche.. | 5 h. » s. | — | Mardi..... 6 30 m. à Bougie | |
| | | | Mercredi. 6 » m. à Alger. | |

## DÉPARTS DE BONE, PHILIPPEVILLE ET BOUGIE

| Lundi..... | midi de Philippeville.. | Mardi.... 9 h. » s. à Marseille |
|---|---|---|
| Mardi..... | 11 h. » s. de Bône .... | Jeudi..... 6 » m. — |
| Jeudi....... | 6 » m. de Bougie.. | Samedi... 10 » m. — |
| Vendredi.. | midi de Philippeville.. | Samedi... 6 » s. — |

## LIGNE DE LA COTE

| Dimanche.. | midi de Bougie, avec escales.. | Mercredi.. 3 h. » s. à Tunis. |
|---|---|---|
| Jeudi....... | 10 h. m. de Tunis, — | Dimanche. midi à Bougie. |

# TUNIS
## DÉPARTS DE FRANCE

| DÉPART | | | ARRIVÉE | |
|---|---|---|---|---|
| Lundi...... | midi de Marseille.... | | Mardi...... 7 h. 30 s. à Tunis. | |
| Mercredi... | midi | — | Vendredi.. 3 15 m — | |
| | | | Samedi.... 8 30 s. à Bizerte. | |
| Vendredi.. | midi | — | Dimanche. 4 » m. à Tunis. | |
| | | | Lundi...... 10 » m. à Malte. | |

## DÉPARTS DE TUNIS

| Lundi....., | midi 30 de Tunis... | | Mercredi.. 3 h. 45 m. à Marseille. | |
|---|---|---|---|---|
| Mercredi... | midi 50 | — | Mercredi.. 4 30 s. à Bizerte. | |
| | | | Vendredi. 7 » m. à Marseille. | |
| Samedi..... | midi 30 | — | Dimanche. 8 » s. | — |

## LIGNE DE LA COTE

| Mercredi... | 4 s. pr. Sfax, — | Jeudi...... 10 h. » matin. |
|---|---|---|
| Jeudi ...... | 3 s. de Sfax, par Sousse.... | Vendredi.. 9 » soir. |
| Samedi .. . | 4 s. pr. Tripoli, avec escales . | Mercredi.. 7 » matin. |
| Mercredi... | 4 s. pr Tunis, — | Dimanche. 8 30 matin. |

# SOCIÉTÉ DES TRAMWAYS ALGERIENS
## MARCHE DES VOITURES

### TRACTION ÉLECTRIQUE

**HOPITAL DU DEY. — STATION SANITAIRE**

Départs de l'Hôpital-du-Dey :

Trains ouvriers : 5 h. et 5 h. 20 du m.

De 5 h. 30   à  6 h. 30 m. Dép. les 10 m.
»  6 h. 30 m. à 10 h. 30 s.       »     5  »
» 10 h. 30 m. à 11 h. 20 s.       »    10  »

Départs de la Station Sanitaire :

Trains ouvriers : 4 h. 30 et 4 h. 50 m.

De 5 h.   à  6 h.  m. Dép. les 10 m.
»  6 h.   à 10 h.  s.       »     5  »
» 10 h.   à 10 h. 50 s.     »    10  »

**STATION SANITAIRE - COLONNE-VOIROL**

Départs de la Station Sanitaire aux
    heures et aux heures 30'
Pier dép. de la Station Sanitre 6 h.   m.
Dier      »              »         7 h 30 s.

Départs de la Colonne-Voirol aux
    heures 20' et aux heures 50'
Pier dép. de la Col.-Voirol 6 h. 20 m.
Dier      »              »      7 h. 50 s.

**STATION SANITAIRE - BOULEVARD BRU**

Départs de la Station Sanitaire aux
    heures 15' et aux heures 45'
Pier Dép. de la Station Sanitre 6 h. 15 m.
Dier      »              »        7 h. 15 s.

Départs du Boulevard Bru aux
    heures 5' et aux heures 35'
Pier Dép. du Boulevard Bru 6 h. 35 m.
Dier      »              »      7 h. 35 s.

### TRACTION ANIMALE

**PLACE DU GOUVERNEM. A LA PRISON CIVILE**

Départs de la Pl. du Gouvernemt:

De 7 h. m. jusqu'à 9 h. m. les 30 m.
»  9     »      midi    »    20 »
De midi à 5 h. s.   toutes les 30 m.
»  5 h. à 8 h. s.       »        20 m.
»  8 h. à 10 h. s.      »        30 m.

Départs de la Prison Civile :

De 7 h.   à  9 h.  m. toutes les 30 m.
»  9 h 30 à 12 h 10 »     »      20 m.
» 12 h 10 à 5 h 10 »      »      30 s.
»  5 h 10 à 8 h 30 »      »      20 s.
»  8 h 30 à 9 h 30 »      »      30 s.

**PLACE DU GOUVERNEMENT AUX CASEMATES**

Départs de la Pl. du Gouvernemt:

De 9 h. 10 m. à 11 h. 50 les 20 m.
»  5 h. 10 s. à 6 h. 50  »  20 m.

Départs des Casemates :

De 9 h. 35 m. à 12 h. 15 les 20 m.
»  5 h. 35 s. à 7 h. 15  »  20 m.

**PL. DU GOUVERNEMENT AU VILLAGE D'ISLY**

Départs de la Pl. du Gouvernem. :

Matin : 8 h ; 9 h. 30 ; 11 h. 5 matin.
Soir : 2 h. 45 ; 5 h. 5 ; 6 h. 30 soir.

Départs du Village d'Isly :

Matin : 6 h. 45 ; 8 h. 45 ; 10 h. 15 mat.
Soir : 1 h. 30 ; 3 h. 45 ; 5 h. 45 soir.

**PLATEAU SAULIÈRE AU PATÉ**

Départs du Plateau Saulière :

De 7 h. 15 à 11 h. 15 m. les 15 m.
» 12 h. 45 à 7 h. 15 s.    » 15 m.

Départs du Paté :

De 7 h. 30 à 11 h. 30 m. les 15 m.
»  1 h.   à  7 h. 30 s.    » 15 m.

**HOPITAL-DU-DEY — HERMITAGE**

Départs de l'Hôpital-du-Dey :

De 7 h. 30 à 11 h. 30 m. les 30 m.
»  1 h. 30 à 6 h. 30 s.    » 30 m.

Départs de l'Ermitage :

De 8 h. à 12 h. mat. toutes les 30 m.
»  2 h. à 7 h. soir      »      30 m

# SOCIÉTÉ DES OMNIBUS & TRAMWAYS DE St-EUGÈNE

## SERVICE D'ALGER A SAINT-EUGÈNE (aller)

| | |
|---|---|
| D'Alger au Pont............. | 0 fr. 05 |
| D'Alger au Cimetière........ | 0 fr. 10 |
| Du Cimetière à St-Eugène... | 0 fr. 10 |
| D'Alger à St-Eugène........ | 0 fr. 15 |

## DE SAINT-EUGÈNE A ALGER (ou retour)

| | |
|---|---|
| De St-Eugène à Alger ...... | 0 fr. 15 |
| De St-Eugène au Cimetière . | 0 fr. 10 |
| Du Cimetière à Alger....... | 0 fr. 10 |
| Du Pont à Alger........... | 0 fr. 05 |

Départs : de 5 à 6 h. m., toutes les 10 min.  
   —   de 6 à 8 h.  —   — 5 —  
   —   de 8 à 11 h.  —   — 6 —  
   —   de 11 à 12 h.  —   — 4 —  
   —   de 12 à 7 h. soir  — 5 —  
   —   de 7 à 8 h.  —   — 6 —  
   —   de 8 à 11 h.  — tous les 1/4 h.

## SERVICE DES DEUX-MOULINS, POINTE-PESCADE, BAINS ROMAINS

### ALLER

| | |
|---|---|
| Alger au Deux-Moulins ..... | 0 fr. 25 |
| Alger à la Pointe-Pescade .. | 0 fr. 35 |
| Alger, aux Bains-Romains.. | 0 fr. 50 |

### RETOUR

| | |
|---|---|
| Bains-Romains, à Alger..... | 0 fr. 50 |
| Pointe-Pescade à St-Eugène. | 0 fr. 20 |
| Deux Moulins à St-Eugène (Plateau) .... | 0 fr. 10 |

| ALLER | | RETOUR | |
|---|---|---|---|
| MATIN : | 6 h. 45. | MATIN : | 6 h. 1/4 |
| — | 8 h. 1/2. | — | 8 heur. |
| — | 10   1/2 | — | 10 — |
| SOIR : | 1 heure. | SOIR : | 1 heure |
| — | 2   1/2 | — | 2  1/4 |
| — | 4 heures | — | 4  1/4 |
| — | 6 heures | — | 5 — |

## SERVICE DE LA PRISON CIVILE, PAR LA RAMPE VALÉE

Durée du Trajet : 25 minutes

Aller. — 7 heures, 8 h. 45, 11 h. 15 matin ; 12 h. 30, 5 h., 6 h., 7 h. soir.  
Retour. — 7 h 30, 9 h. 45, 11 h. 45 matin ; 1 heure, 5 h. 30, 6 h. 30, 7 h. 30 soir.

| | | | |
|---|---|---|---|
| Alger au Lavoir......... | **0,15** | Alger à la Prison Civile......... | **0,20** |

Au retour, sur tout le parcours............ **0,10**

## SERVICE D'ALGER AU FRAIS-VALLON

| ÉTÉ | | | | HIVER | | | |
|---|---|---|---|---|---|---|---|
| DÉPART D'ALGER | | RETOUR | | DÉPART D'ALGER | | RETOUR | |
| mat. | soir | mat. | soir | mat. | soir | mat. | soir |
| 6 heur. | 1 heure | 6 h. 45 | 12 h. 15 | 6 heur. | 1 heure | 6 h. 45 | 12 h. 15 |
| 7 h. 1/2 | 3 — | 8 h. 15 | 2 h. — | 7 h. 1/2 | 3 — | 8 h. 45 | 2 heur. |
| 9 — | 5 — | | 4 h. — | 9 heur. | 5 h. 1/2 | 10 heur. | 4 h. 1/2 |
| 11 — | 6 h. 45 | 10 heur. | 6 heur. | 11 — | | | 6 h. 1/2 |
| | | | 7 h. 30 | | | | |

| | | | |
|---|---|---|---|
| Alger au Frais-Vallon....... | 0,40 | Frais-Vallon à Bab-el-Oued. | 0,50 |
| Alger au Climat de France... | 0,20 | id.   au Climat de France. | 0,20 |

# MESSAGERIES DE BELCOURT

De 5 h. du mat. à 10 h. du soir (heures des départs des stations).— Alger-Belcourt (Marabout) : 0 fr. 10, Belcourt-Jardin-Ruisseau, 0 fr. 10 ; Agha-Jardin-Ruisseau, 0 fr. 20.

De 10 h. du soir à la fin du service: Alger, Parc à Fourrages, 0 fr. 10. — Parc à Fourrages-Belcourt, 0 fr. 10. — Alger-Belcourt, 0 fr. 15.

# Services divers de Voitures publiques



NOTA. — Quelques-uns des services indiqués n'ayant pas une fixité absolue, quant aux heures de départ et aux prix des places, les voyageurs sont priés de vouloir bien se renseigner à ce sujet aux bureaux de chaque service respectif.

**Alger à Aïn-Taya**, passant par le Retour de la Chasse, le Cap, Fort-de-l'Eau. — — Bureaux : rue Waïsse. Départs d'Alger à 7 h. m., 3 h. soir. Départ d'Aïn-Taya à 6 h. matin, 2 h. 30 soir.

**Alger à l'Alma**, passant par Maison-Carrée. — Bureaux : rue Waïsse. Départs d'Alger à 7 h. m., et 3 h. du soir. Départs de l'Alma à 6 h. m., 3 h. soir.

**Alger à l'Arba**, passant par Maison-Carrée. — Bureaux : place Mahon. Départs d'Alger à 6 h. matin, 3 h. s. Départs de l'Arba à 5 h. 30 matin et 1 h. 30 soir.

**Alger à Birkadem.** — Bureaux : place Mahon. Départs d'Alger à 6 h., 9 h. 30, 10 h. matin, 1 h., 3 h., 4 h. soir. Départs de Birkadem, à 7 h., 8 h., 9 h. matin, midi, 3 h. 1[2, 8 h. 20 soir.

**Alger à Birmandreïs.** — Départs d'Alger, 6 h., 8 h. 30, 9 h. 30 et 10 h. 15 matin, 1 h. 30, 2 h. 15, 3 h., 4 h. et 5 h. 30 s. Départs de Birmandreïs, 7 h. matin, midi 30 et 3 h. soir. Le Dimanche, service supplémentaire à 7 h. 30 soir, partant de Birmandreïs et d'Alger à 10 h. soir.

**Alger à Bordj-Ménaïel**, tous les jours, à 5 heures du soir. Bureaux : rue Waïsse.

**Alger à Boufarik.** — Bureaux : place Mahon. Départ d'Alger à 6 h. m. et 2 h. 30 du soir, avec correspondance pour Blida. Départ de Boufarik à 5 h. matin et 2 h. soir.

**Alger à la Bouzaréah**, passant par El-Biar. — Bureaux : rue Cléopâtre. Départs d'Alger à 7 h., 9 h. 50 m., 1 h., 4 h. 30, soir. Départs de la Bouzaréah à 7 h., 10 h. m., 1 h. soir.

**Alger à Castiglione**, passant par Guyotville. — Bureaux: place du Gouvernem.—Départs d'Alger à 5 h. 45 mat., 2 h. 30 soir. Départ de Castiglione à 5 h. matin, 1 h. 45 soir.

**Alger à Cherchell**. — Tous les jours, 6 h. soir. — Départ de Cherchell, tous les jours, 8 h. 30 soir.

**Alger à Chéragas**. — Bureau : place Mahon. Départs d'Alger à 6 h. 30, 8 h. 15, 10 h. du matin, midi et demi, 2 h., 3 h.. 4 h. 15, soir. Départs de Chéragas à 6 h., 7 h., 8 h., 10 h. du matin, midi, 1 h. 30, 5 h. soir.

**Alger à la Colonne-Voirol**, passant par Mustapha-Supérieur. — Bureaux : place du Gouvernement. Départs d'Alger : toutes les heures, aux demies, de 6 h. 30 mat. à 7 h. 30 soir.

**Alger au Boulevard Bru**. passant par Mustapha-Supérieur, toutes les heures, de 7 h. du matin à 7 h. du soir.

**Alger à Dély-Ibrahim**, passant par El-Biar. — Bureaux : place Mahon. Départs d'Alger à 10 h. matin et 4 h. soir. Départs de Dély-Ibrahim à 7 h. matin et midi 30 soir.

**Alger à Douéra**, passant par Birkadem, Saoula et Crescia. — Bureaux : place Mahon. Départ d'Alger à 4 h. 30 s. Départs de Douéra à 6 h. matin, 4 h. soir.

**Alger à Douéra**, passant par El-Biar, Dély-Ibrahim, Ouled-Fayet et Baba-Hassen. — Bureau : place Mahon. Départs d'Alger à 5 h. 30 m. et 3 h. soir. Départs de Douéra à 5 h. 1|2 m. et 4 h. s.

**Alger à Drariah** par El-Achour. — Bureau : place Mahon. Départs d'Alger à 6 h. m. Départs de Drariah à 9 h. m. et 4 h. soir.

**Alger au Fondouck et au Retour de la Chasse**. — Bureaux : rue Waïsse. Départs d'Alger à 6 h. du matin, 3 heures soir. Départs du Fondouck à 6 heures matin et 3 heures soir.

**Alger au Frais-Vallon**. - Bureau: Place du Gouvernement. Pour les heures de départs, voir page 81, Société-Alger-St-Eugène.

**Alger à Guyotville**. — Bureau : place du Gouvernement. Départs d'Alger à 10 h. m., et 4 h. soir. Départs de Guyotville à 6 h. 30, et 1 h. 30 soir.

**Alger à Hussein-Dey** et vice-versa, toutes les 10 minutes. Services à volonté.

**Alger à Kouba**, desservant le Ruisseau. —Bureaux : place Bresson. Départs d'Alger à 6 h., 8 h., 8 h. 30, 10 h. 30, 12 h. m., 12 h. 30, 1 h., 1 h. 30, 2 h. 30, 4 h. 30, 5 h., 5 h. 30 et 7 h. soir.

**Alger à la Maison-Carrée** et vice-versa, toutes les 15 minutes. Bureau : place Bresson.

**Alger à Sidi-Ferruch**. — Bureau : Place du Gouvernement. Départ d'Alger à 3 h. 30 soir. Départ de Sidi-Ferruch à 5 h. 30 matin.

**Alger à St-Eugène**. — Place du Gouvernement. Société de St-Eugène (page 81), toutes les 4 min.

**Alger à la Pointe-Pescade**. — Bureaux : place du Gouvernement. Départs (voir Société de Saint-Eugène, page 81)

**Alger à Rivet**, desservant Maison-Carrée. — Bureaux : rue Waïsse. Dép. d'Alger à 6 h. m. et 3 h. soir. Dép. de Rivet à 6 h. 30 du matin.

**Alger à Rovigo**, desservant Kouba, Gué-de-Constantine et Sidi-Moussa. — Bureaux : place Mahon. Départs d'Alger à 6 h. du matin et 3 h. soir. Départs de Rovigo à 5 h. du matin et 3 h. du soir.

**Alger au Village d'Isly**. — Bureaux : place du Gouvernement. Départs d'Alger à 8 h., 9 h. 30, et 11 h. 05 matin. A 2 h. 45, 5 h. 05 et 6 h. 30 s. — Départs du Village d'Isly à 6 h. 45 et 8 h. 45 et 10 h. 15 du matin. A 1 h. 30, 3 h. 45 et 5 h. 45 du soir.

**Alger à Saoula**, passant par Birkadem. — Départs d'Alger 5 h. 30, 9 h. 30 m. 1 h., 3 h. 30, et 4 h. soir. Départ de Saoula a 3 h. soir.

**Alger à Staouëli**, passant par le Monastère des Trappistes — Place Mahon. Dép. d'Alger à 5 h. 15 m, 3 h. 15 soir.—Départs de Staouëli à 7 h. 30 mat., 4 h. 30 soir.

**Alger à Bouïnan**.— Bureaux : Place Mahon. Départ d'Alger à 3 h. soir. Départ de Bouïnan, 5 h. matin.

**Alger à Zéralda**.— Bureaux : Place Mahon. Départ d'Alger à 5 heures m. et 2 h. 15 s. Départ de Zéralda pour Alger 6 h. 30 m. 3 h. 15 soir. (Voir aussi Cⁱᵉ du C. F. R. A., feuilles roses).

# TARIF DES VOITURES PUBLIQUES

### A LA JOURNÉE (avec retour à Alger)

Journée de 12 heures..................... 20 francs
1/2 journée de 6 heures..... .......... 11 —
Si la journée ou demi-journée est dépassée, chaque heure supplémentaire sera payée comme ci-après :

### A L'HEURE

De 6 heures du matin à minuit, dans un rayon maximum de 5 kilomètres : l'heure (aller et retour)........ 2 francs
De minuit à 6 heures du matin, les prix ci-dessus sont augmentés de moitié.

La course d'Alger à N.-D.-d'Afrique (aller et retour), 3 fr. 50.

Toute personne qui, ayant fait venir une voiture à domicile (Alger), la congédie, doit au cocher une indemnité égale à une demi-heure de travail.

La voiture doit marcher à raison de 10 kilomètres à l'heure en plaine et 6 kilomètres en montée ; pendant chaque heure, la voiture a droit à un arrêt de un quart d'heure. Le quart d'heure n'est pas dû lorsque la voiture n'a pas été employée plus d'une heure.

Les cochers sont tenus de marcher à toute réquisition, au prix du tarif, quel que soit le rang que leur voiture occupe sur la station.

Ils doivent remettre, à tout voyageur qui en fera la demande, un exemplaire du tarif

## TARIF DES BATELIERS

Du quai au courrier de France ou de la côte :

Par personne (retour compris)................... 0 fr. 30
Par malle ou colis................. .. ...... .. 0 fr. 20
Promenade en mer : l'heure varie de 1 franc à 2 francs.

## TARIF DES PORTEFAIX

Ville basse, jusqu'aux portes d'Isly et de Bab-el-Oued :

Colis jusqu'à 25 kil ............................ 0 fr. 25
Colis de 25 kil. et au-dessus ...... ............. 0 fr. 75

Ville haute jusqu'à la porte du Sahel :

Colis jusqu'à 25 kil............................ 0 fr. 30
Colis de 25 kil. et au-dessus..................... 1 fr. »

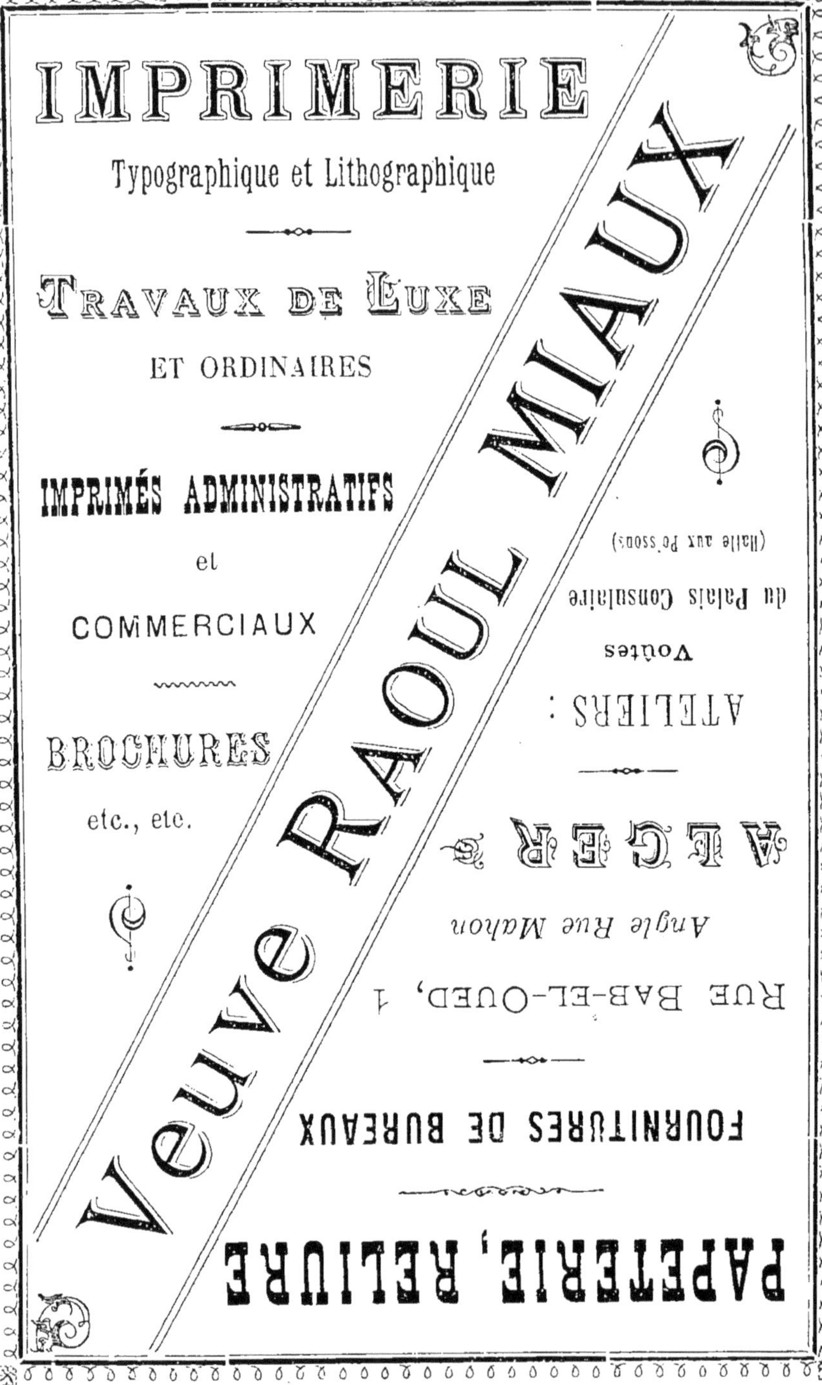
IMPRIMERIE
Typographique et Lithographique
TRAVAUX DE LUXE
ET ORDINAIRES
IMPRIMÉS ADMINISTRATIFS
et
COMMERCIAUX
BROCHURES
etc., etc.
Veuve RAOUL MIAUX
(Halle aux Poissons)
du Palais Consulaire
Voûtes
ATELIERS :
ALGER
Angle Rue Mahon
RUE BAB-EL-OUED, 1
FOURNITURES DE BUREAUX
PAPETERIE, RELIURE

# COMPAGNIE GÉNÉRALE TRANSATLANTIQUE

## *Paquebots-Postes Français*

**A Paris.** — Siège social : 6, rue Auber. — Bureaux des Passages : 6, rue Auber et boulevard des Capucines. — Bureaux du fret et des colis postaux : 5, rue des Mathurins.

**Agences en France.** — A Marseille : Quai de la Joliette et 12, rue de la République — Au Havre : 43, Quai d'Orléans et Bassin de l'Eure. — A Bordeaux : 17, cours du Chapeau-Rouge. — A Saint-Nazaire : Quai Eugène Péreire. — A Cette, à Nice, à Toulon, etc., etc.

**Agences en Algérie et en Tunisie.** — Alger : 6, boulevard Carnot. -- Oran : place de la République. — Bône : Quai Nord. — Philippeville : Place du Marché. — Tunis : 3, rue Es-Sadikia.

**Alger.** — Bureaux des Passages : 6, boulevard Carnot. Bureau de l'Agent, Caisse principale, sur le quai.

| Tarif des Passages | 1re classe | 2e classe | 3e classe | 4e classe | DÉPARTS | |
|---|---|---|---|---|---|---|
| | | | | | de Marseille | pour Marseille |
| Alger............. | 100 f 80 | 70 55 | 30 25 | 18 12 sn | Lundi.... 1 h. soir. Mercredi.. 1 h. — Samedi... 1 h. — Lundi.... 1 h. — | Mardi.... 12 h. 30. Jeudi..... 12 h 30. Samedi... 12 h. 30. Lundi.... 2 h. s. |
| Bône (direct) ..... via *Philippeville* | 100 110 | 70 77 | 30 34 | 18 20 | Mardi.... 5 h. s. Samedi... 12 h. | Mardi....11 h. 35 s. Jeudi.... 6 h. s. |
| Bougie ....,.... | 70 | 50 | 20 | 12 | Dimanche direct 5 h. s. Jeudi, via Alger 3 h. s. | Jeudi. direct 8 h. 30 s. Dimanche (via Alger), 6 h. 30 s. |
| Malle ........... | 170 | 115 | 60 | 35 | Vendredi.. midi. | Lundi.... 5 h. soir. |
| Oran............. | 100 | 70 | 30 | 18 | Jeudi.... 5 h. s. Samedi... 5 h. — | Mardi.... 5 h. s. Jeudi.... 5 h. s. |
| *Philippeville* direct via *Bône*...... | 100 110 | 70 77 | 30 34 | 18 20 | Samedi... 12 h. Mardi... 12 h. | Vendredi.. 12 h. Lundi.... 12 h. s. |
| *Tunis* .......... | 100 | 70 | 30 | 18 | Lundi.... 12 h. Vendredi.. 12 h. | Samedi... 12 h. 30. Mercredi.. 12 h. 30. |

# CORDONNERIE NOUVELLE

**Spécialité de Chaussures sur Mesures, pour Hommes, Dames et Enfants**

# B. DUCOS

## Bottier pour Civils et Militaires

*ALGER, 11, Rue Dumont-d'Urville, 11, ALGER*

# COMPAGNIE DE NAVIGATION MIXTE

*(Compagnie Touache)*

SIÈGE DE L'EXPLOITATION : 54, RUE CANEBIÈRE, MARSEILLE

## Transports des Dépêches
## Colis Postaux, Marchandises et Voyageurs

## LIGNE D'ALGER-MARSEILLE & VICE-VERSA

| | | |
|---|---|---|
| MARSEILLE (départ).... | Samedi..... | 9 h. soir. |
| CETTE — .... | Dimanche... | 9 h. matin. |
| PORT-VENDRES (départ) | Dimanche... | 8 h. soir. |
| ALGER (arrivée)........ | Mardi..... | 5 h. 15 mat. |
| ALGER (départ)....... | Mercredi.... | midi 30. |
| PORT-VENDRES (départ) | Vendredi.... | 5 h. matin. |
| CETTE (départ)........ | Vendredi ... | 9 h. soir. |
| MARSEILLE (arrivée). .. | Samedi..... | 3 h. 50 mat. |

## PRIX DES PASSAGES

| | | |
|---|---|---|
| 1re Classe.......... | 70 fr. | avec couchette et nourriture |
| 2e — .......... | 50 » | |
| 3e — .......... | 24 » | |
| 4e — .......... | 12 » | sur le Pont. |

## LIGNE COMMERCIALE, MARSEILLE-ALGER

| | | |
|---|---|---|
| MARSEILLE (départ).... | Jeudi .... | 6 h. soir. |
| ALGER (départ)....... | Dimanche .. | 9 h. matin. |
| MARSEILLE (arrivée) ... | Lundi....... | 6 h. 30 soir. |

Pour tous renseignements, s'adresser à l'Agence, Boulevard de la République, 10

# DAURCES Frères

## ACCONIERS

EMBARQUEMENT & DÉBARQUEMENT DE TOUTES MARCHANDISES

### Transit de Primeurs

QUAI NORD, VOUTE 46. — ALGER

# COMPAGNIE E<sup>LE</sup> CAILLOL & H. SAINTPIERRE

*Siège social : 24, Rue Beauvau, à Marseille*

## Lignes de Marseille à Alger, Oran, Philippeville & Bône

DE MARSEILLE à ALGER. — Mercredi, à 5 h. soir. — Vendredi, à 5 h. soir.

ALGER A MARSEILLE. — Mardi, à 5 h. soir. — Samedi, à 8 h. matin.

MARSEILLE A ORAN (par Cette). — Mardi, à 5 h. soir.

ORAN A MARSEILLE (direct). — Samedi, à 9 h. matin.

MARSEILLE A PHILIPPEVILLE. — Lundi, à midi. — Vendredi, à midi.

PHILIPPEVILLE A MARSEILLE. — Mercredi, à 9 h. matin. — Dimanche, à 9 h. matin.

MARSEILLE A BÔNE. — Samedi, à 6 h. du soir.

BÔNE A MARSEILLE. — Mardi, à 9 h. matin

## PRIX DES PASSAGES
### POUR ALGER, ORAN, BONE, PHILIPPEVILLE

| | | | |
|---|---|---|---|
| 1<sup>re</sup> Classe . . . . . . . . . . | 35 fr. | *Bastiais* | 45 fr. |
| 2<sup>me</sup> — . . . . . . . . | 25 » | | 30 » |
| 3<sup>me</sup> — . . . . . . . . . | 17 » | (rapide) | 20 » |
| 4<sup>me</sup> — . . . . . . . . . . | 10 » | | 10 » |

# Déménagements — Garde-Meubles
## VERNET

*ALGER. — 30, Rue de Constantine, 30. — ALGER*

### EXÉCUTION SOIGNÉE AVEC GARANTIES

Voitures les plus grandes et les plus confortables

# COMPAGNIE DES BATEAUX A VAPEUR
## DU NORD

Siège Social : Place des Nations, à Dunkerque

---

*Services Réguliers entre*

### DUNKERQUE, ORAN, ALGER, PHILIPPEVILLE ET VICE-VERSA

Départs rapides les 10, 20 et 30 de chaque mois

---

## ALGER, PHILIPPEVILLE, BONE & TUNIS

trois fois par mois

---

### DUNKERQUE, BIZERTE, TUNIS, TANGER & VICE-VERSA

Un Départ par mois

---

### NAVIRES DE PREMIÈRE CLASSE POUR PASSAGERS

---

Pour Frets, Passages et Renseignements, s'adresser :

à *Alger*, à l'Agent de la Compagnie, Boulevard Carnot.

à *Oran*, à M  Ch. Jullian

à *Philippeville*, à M. Chiarelli Aîné.

à *Bône*, à M. Th. Devries.

à *Constantine*, à M. E. Morny.

à *Arzew*. à MM. Thomas et Tournut.

à *Tunis*, à MM. Navos Frères.

à *Bizerte*, à MM. Navos Frères.

à *Tanger*, à MM. Ch. Gautsch et Cie.

à *Marseille*, à M. C. Chanal.

# Société Générale de Transports Maritimes à Vapeur

## SERVICES RÉGULIERS

Sur l'Algérie, l'Italie, l'Espagne, Madère, les Canaries,
le Sénégal, le Brésil et la Plata

## Direction de l'Exploitation : à Marseille, 3, rue des Templiers

### SIÈGE DE LA SOCIÉTÉ :

*à PARIS, 8, Rue Ménars et Rue du Quatre-Septembre*

| Départs de Marseille pour | Départs pour Marseille |
|---|---|
| Alger,       Mercr et Samedi, 6 h. s. | Alger, Mercr. midi et Samedi, 6 h. s. |
| Bône,                  Lundi, 5 h. s. | Bône,                   Jendi, 5 h. s. |
| Bougie (vià Philip^lle), Samedi 5 h. s. | Bougie (vià Philip^lle), Mardi, 5 h. s. |
| Oran,                  Mardi, 5 h. s. | Oran                   Samedi, 5 h. s. |
| Oran (vià Alger), Mercr. Samedi, 5 h. s. | Philippeville          Mercr , midi. |
| Philippeville,        Samedi, 5 h. s. | |
| Oran, (vià Cette)  Vendr., 5 h. s. | |
| Philippeville et Bône, Mercr., 5 h. s. | |

## PRIX DES PASSAGES

| de Marseille pour et vice-versa | 1re | 2e | 3e | 4e | Ligne d'Oran, vià Alger et vice-versa | | | | |
|---|---|---|---|---|---|---|---|---|---|
| | | | | | 1re Chemin de fer | 2e Chemin de fer | | 3e Chemin de fer | |
| | | | | | 1re Bateau | 1re Bateau | 2e Bateau | 3e Bateau | Pont |
| Alger......... | 70 | 50 | 24 | 12 | | | | | |
| Bône ........ | 70 | 50 | 24 | 12 | | | | | |
| Bougie...... | 70 | 50 | 24 | 12 | | | | | |
| Oran......... | 80 | 60 | 26 | 11 | | | | | |
| PHILIPPEVILLE.. | 70 | 50 | 24 | 12 | 75 | 66 | 55 | 31 | 25 |

# Déménagements — Garde-Meubles
# VERNET

ALGER. — 30, Rue de Constantine, 30. — ALGER

## EXÉCUTION SOIGNÉE AVEC GARANTIES

## Voitures les plus grandes et les plus confortables

# COMPAGNIE FRANÇAISE DE NAVIGATION A VAPEUR

## CYPRIEN FABRE & CIE

*Siège Social à Marseille : 69, Rue Sylvabelle*

Services entre {
MARSEILLE, ALGER, ORAN ET BORDEAUX ;
MARSEILLE, ALGER, ORAN ET ROUEN-PARIS.

Départs tous les 1er et 15 de chaque mois

### LIGNE DE SYRIE
(le samedi)

Du 15 Septembre au 15 Mars : Départ régulier tous les 15 jours pour Alexandrie, Jaffa, Caïffa, Acre, Beyrouth, Alexandrette, Mersina.

Du 15 Mars au 15 Septembre : Départ régulier toutes les 3 semaines pour les mêmes escales.

### LIGNE DE NEW-YORK

Départ régulier de Marseille, touchant à Naples, environ toutes les 3 semaines.
Retour sur Marseille ou Naples et Marseille.

### LIGNE DE LA PLATA & ROSARIO
sans transbordement

Départ mensuel pour Montevideo, Buenos-Ayres et Rosario, touchant à Gênes, Barcelone et Valence.
Retour par Barcelone, Cette et Marseille.

---

### A LA MANDOLINE

**Léopold PALAT**, 17, rue Bab-Azoun

PIANOS DE TOUS FACTEURS, NEUFS & D'OCCASION

*Musique et Instruments.*

*Lutherie, Graphophones, etc.*

**Atelier Spécial pour Réparations de Pianos**

# Transports Maritimes Côtiers Algériens

## Prosper DURAND

Armateur, Quai, ALGER

La Maison Prosper Durand dessert les Ports des Côtes Est et Ouest de l'Algérie

### COTE EST

Départ d'Alger pour Dellys, Azeffoun et Bougie (facultatif) :
Lundi, à 8 heures du soir

Départ d'Alger pour Bougie, Djidjelli, Collo, Philippeville et
Bône, les lundis et Vendredis, à 7 heures du soir

### COTE OUEST

### DÉPARTS D'ALGER POUR :

Cherchell et Ténès : Mercredi et Vendredi, à 8 heures du soir.

Fouka, Castiglione et Tipaza : Mardi, à 8 heures du soir.

Ténès, Mostaganem, Arzew et Oran : Samedi, à 7 h. du soir.

## Prix des Passages d'Alger pour

|  | 1re | 2e | 3e | 4e |
|---|---|---|---|---|
| Bougie ......... | 14 | — | 7 | 5 |
| Djidjelli ........ | 22 | — | 11 | 8 |
| Collo . ........ | 24 | — | 14 | 9 |
| Philippeville .... | 30 | — | 18 | 10 |
| Bône ..... ...... | 35 | — | 21 | 12 |

# Déménagements — Garde-Meubles

## VERNET

ALGER — 30, Rue de Constantine, 30. — ALGER

### EXÉCUTION SOIGNÉE AVEC GARANTIES

Voitures les plus grandes et les plus confortables

# Lignes Côtières Algériennes

### DE BATEAUX A VAPEUR

## SCHIAFFINO, JOBEZ, MATHIEU ET Cie

### ARMATEURS A ALGER

## Service Postal tri-hebdomadaire

Tous les Lundis et Jeudis, à 9 heures du soir, pour la
COTE EST, d'Alger à Bône

## Départs réguliers d'Alger

Pour BOUGIE, DJIDJELLI, COLLO, PHILIPPEVILLE et BONE
tous les lundis et jeudis, à 7 heures du soir (service postal)
et samedis à 6 h. du soir pour

## BOUGIE, PHILIPPEVILLE et BONE

### DELLYS, AZEFFOUN et BOUGIE

tous les mardis, jeudis et samedis, à 8 heures du soir

### TENÈS, MOSTAGANEM, ARZEW et ORAN

tous les mercredis, à 7 heures du soir.

### TIPAZA, CHERCHELL, GOURAYA (facultatif)

tous les lundis, mercredis et vendredis, à 8 heures du soir

# AVIS AUX DAMES

Pour être bien corsetée, allez chez

## Mme ESCOURROU

# AU CORSET MARSEILLAIS

### Rue de Chartres

# LIGNE D'ALGER A ORAN

## TRAINS S'ÉLOIGNANT D'ALGER

| PRIX DES BILLETS SIMPLES | | | PRIX DES BILLETS d'Aller Retour | Dist. kilométriq. | GARES ET ARRÊTS | VOYAGEURS MIXTES RÉGULIERS | | | | | Facultatifs | Marchandises Régul. transp. des voyageurs | |
|---|---|---|---|---|---|---|---|---|---|---|---|---|---|
| 1re cl. | 2e cl. | 3e cl. | | | | 1 voy. | 3 mix. | 5 mix. | 7 mix. | 9 voyag. | tarifs | 21. | 47 |
| | | | | | | matin | matin | soir | soir | soir | | | |
| » | » | » | | | ALGER ............ Départ | 6 50 | 9 30 | 1 33 | 5 01 | 9 40 | | | |
| 0 20 | 0 15 | 0 10 | | 2 | Agha | 6 58 | 9 42 | 1 40 | 5 08 | 9 46 | | | |
| 0 35 | 0 25 | 0 20 | | 3 | Ateliers (Abattoirs) (halte) | » | » | 1 45 | 5 14 | » | | | |
| 0 45 | 0 35 | 0 25 | | 4 | Jardin d'Essai (halte) | » | » | » | » | » | | | |
| 0 55 | 0 40 | 0 30 | | 5 | Le Ruisseau (halte) | » | » | » | » | » | | | |
| 0 65 | 0 50 | 0 35 | | 6 | Hussein-Dey | 7 06 | 9 51 | 1 51 | 5 21 | 9 54 | | | |
| 1 25 | 0 90 | 0 70 | | 11 | Maison-Carrée (embr. Est-Alg.) { Arrivée { Départ | 7 13 / 7 15 | 9 59 / 10 06 | 1 58 / 2 00 | 5 29 / 5 34 | 10 01 / 10 02 | | | |
| 1 70 | 1 25 | 0 90 | | 15 | Gué-de-Constantine | 7 23 | 10 15 | 2 09 | 5 43 | 10 10 | | | |
| 2 25 | 1 70 | 1 25 | | 20 | Baba-Ali (arrêt) | » | 10 25 | 2 18 | 5 52 | » | | | |
| 2 90 | 2 20 | 1 60 | | 26 | Birtouta-Chebli | 7 40 | 10 35 | 2 28 | 6 02 | 10 26 | | | |
| 3 60 | 2 70 | 1 95 | | 32 | Sidi-Aid (halte) | » | » | 2 39 | 6 13 | » | | | |
| 4 15 | 3 10 | 2 30 | | 37 | Boufarik | 7 59 | 11 09 | 2 54 | 6 28 | 10 45 | | | |
| 5 05 | 3 80 | 2 75 | | 45 | Beni-Méred | 8 15 | 11 30 | 3 12 | 6 46 | 10 59 | | | |
| 5 70 | 4 30 | 3 15 | | 51 | Blida (Emb. de Médéa) { Arrivée { Départ | 8 26 / 8 38 | 11 44 / 11 59 | 3 24 / 3 36 | 6 58 / 7 05 | 11 09 / 11 14 | 101 | | |
| 6 50 | 4 85 | 3 55 | | 58 | La Chiffa | 8 53 | 12 14 | 3 53 | 7 20 | 11 26 | express | | |
| 7 05 | 5 30 | 3 90 | | 63 | Mouzaiaville | 9 01 | 12 24 | 4 01 | 7 30 | 11 34 | soir | | |
| 7 75 | 5 80 | 4 25 | | 69 | El-Affroun (Emb. de Marengo) { Arrivée { Départ | 9 10 / 9 13 | 12 35 / 12 40 | 4 10 / soir | 7 39 / 7 54 | 11 43 / soir | 11 45 | | |
| 8 75 | 6 55 | 4 80 | | 78 | Oued-Djer | 9 28 | 12 57 | | 8 11 | » | | | |
| 10 20 | 7 65 | 5 60 | | 91 | Bou-Medfa | 9 50 | 1 24 | | 8 47 | » | | | |
| 11 » | 8 25 | 6 05 | | 98 | Vesoul-Benian | 10 06 | 1 40 | | 9 03 | » | | | |
| 12 30 | 9 25 | 6 80 | | 110 | Adélia (arrêt) | 10 32 | 2 13 | | 9 43 | » | | | |
| 13 45 | 10 10 | 7 40 | | 120 | Affreville (buffet) { Arrivée { Départ | 10 49 / 10 57 | 2 30 / 2 54 | | 10 » / soir | | 1 05 | | |
| 13 90 | 10 40 | 7 65 | | 124 | Lavarande | 11 05 | 3 06 | | soir | | 1 10 | | |

| 1re cl. | 2e cl. | 3e cl. | Kil. | Stations | (soir) | 11 mix. | 15 mix. | (matin) | 31 | 13 voyag. | 17 mix. |
|---|---|---|---|---|---|---|---|---|---|---|---|
| 15 » | 11 25 | 8 25 | 134 | Les Aribs (Littré) | 11 18 | 3 25 | | | | | |
| 16 35 | 12 25 | 9 » | 146 | Duperré | 11 35 | 3 59 | | | | | |
| 17 10 | 12 85 | 9 40 | 154 | Kerba | 11 50 | 4 15 | | | | | |
| 17 60 | 13 20 | 9 65 | 160 | Oued-Rouïna | 12 00 | 4 33 | | | | | |
| 18 40 | 13 80 | 10 05 | 170 | Saint-Cyprien-des-Attafs (Halte) | 12 13 | 4 50 | | | | | |
| 18 65 | 14 00 | 10 15 | 173 | Les Attafs (Carnot) | 12 20 | 5 09 | | | | | |
| 19 45 | 14 60 | 10 55 | 183 | Temoulga-Vauban (Arrêt) | 12 33 | 5 27 | | | | | |
| 19 70 | 14 75 | 10 70 | 186 | Oued-Fodda | 12 44 | 5 49 | | | | | |
| 20 40 | 15 30 | 11 05 | 195 | Le Barrage (Arrêt) | 12 58 | 6 13 | | | | 31 | |
| 21 05 | 15 80 | 11 35 | 203 | Pontéba | 1 10 | 6 33 | | | | matin | |
| 21 50 | 16 15 | 11 60 | 209 | ORLÉANSVILLE { Arrivée | 1 18 | 6 43 | | 3 05 | | | |
| | | | | ORLÉANSVILLE { Départ | 1 26 | soir | | 3 10 | 5 » | | |
| 22 70 | 17 05 | 12 20 | 224 | Oued-Sly (Malakoff) | 1 46 | » | | » | 5 30 | | |
| 23 35 | 17 50 | 12 50 | 232 | Bou-Kader (Charon) | 1 57 | » | | » | 5 50 | | |
| 24 25 | 18 20 | 12 95 | 243 | Le Merdja | 2 16 | » | | » | 6 17 | | |
| 25 10 | 18 85 | 13 10 | 254 | Oued-Riou (Inkermann) | 2 31 | 11 | | » | 6 53 | | |
| 25 85 | 19 40 | 13 75 | 263 | Djidiouïa (St-Aimé) | 2 44 | mix. | | » | 7 20 | | |
| 27 45 | 20 60 | 14 55 | 283 | Les Salines (Oued-Djemâa) Arrêt | 3 10 | » | | » | 8 08 | | |
| 28 50 | 21 35 | 15 10 | 296 | RELIZANE (buffet), { Arrivée | 3 28 | matin | | 5 05 | 8 34 | | |
| | | | | (Trav. de Mostaganem-Tiaret) { Départ | 3 35 | 6 10 | | 5 06 | matin | | |
| 29 16 | 21 80 | 15 40 | 305 | Les Silos (Clinchant) (halte) | » | 6 26 | | » | | | |
| 29 65 | 22 20 | 15 75 | 315 | L'Hillil | 4 03 | 6 52 | 15 | » | | | |
| 30 5 | 22 90 | 16 35 | 332 | Oued-Malah (El-Romri) | 4 26 | 7 21 | mix. | » | | | |
| 31 00 | 23 20 | 16 65 | 340 | Sahouria (halte) | » | 7 37 | matin | » | | | |
| 31 35 | 23 45 | 16 85 | 346 | Perregaux (Trav. Arzew-Saïda) { Arrivée | 4 43 | 7 47 | | 6 05 | | 13 | |
| | | | | Perregaux { Départ | 4 50 | 8 01 | 11 40 | 6 10 | | voyag. | |
| 32 10 | 24 00 | 17 35 | 360 | L'Habra (Bou-Hénni) Arrêt | 5 07 | 8 25 | 12 04 | » | | | |
| 32 65 | 24 40 | 17 70 | 370 | ST-DENIS-DU-SIG { Arrivée | 5 20 | 8 45 | 12 21 | 6 38 | | matin | |
| | | | | ST-DENIS-DU-SIG { Départ | 5 26 | 8 57 | 12 40 | matin | | 6 41 | 17 |
| 33 00 | 24 65 | 17 90 | 376 | L'Ougasse (Arrêt) | 5 35 | 9 09 | 12 52 | » | | » | mix. |
| 33 25 | 24 85 | 18 10 | 381 | Maré-d'Eau (Arrêt) | 5 45 | 9 28 | 1 11 | » | | » | |
| 34 05 | 25 40 | 18 55 | 395 | Ste-Barbe-du-Tlélat { Arrivée | 6 04 | 10 01 | 1 4 | | | 7 12 | soir |
| | | | | (Embr. de Bel-Abbès) { Départ | 6 12 | 10 25 | 2 04 | | | 7 17 | 9 26 |
| 34 45 | 25 70 | 18 80 | 404 | Arbal (Arrêt) | 6 24 | 10 41 | 2 20 | | | 7 29 | 9 39 |
| 34 70 | 25 80 | 18 90 | 411 | Valmy | 6 35 | 10 56 | 2 36 | | | 7 40 | 9 51 |
| 34 85 | 25 90 | 18 95 | 416 | La Sénia (Embr. d'Aïn-Temouchent) | 6 43 | 11 05 | 2 4 | | | 7 48 | 9 59 |
| 35 03 | 26 00 | 19 00 | 421 | ORAN (Karguentah) Arrivée | 6 52 | 11 48 | 3 00 | | | 7 56 | 10 08 |
| | | | | | soir | mat. | soir | matin | matin | matin | soir |

NOTA. — Les trains express nos *101* et *102*, qui relient entre eux les trains *9*, *13*, *16* et *4*, correspondent avec l'arrivée et le départ des paquebots de la Compagnie Générale Transatlantique à Alger et sont mis en marche, savoir :

Le train no *101* d'El-Affroun à St-Denis-du-Sig les *dimanches soir, mardis soir et jeudis soir*. — Le train no *102* de St-Denis-du-Sig à El-Affroun les *lundis soir, mercredis soir et vendredis soir*.

# LIGNE D'ORAN A ALGER

## TRAINS S'ÉLOIGNANT D'ORAN

| PRIX DES BILLETS SIMPLES | | | PRIX DES BILLETS d'Aller et Retour | Dist. kilométrique | GARES ET ARRÊTS | Désignation des trains — VOYAGEURS MIXTES RÉGULIERS | | | | 102 expr. | Marchandises Régul. transp. des voyageurs |
|---|---|---|---|---|---|---|---|---|---|---|---|
| 1re cl. | 2e cl. | 3e cl. | | | | 2 voy. | 12 mix | 14 mix | 16 v. | | 34 / 32 |
| | | | | | | matin | matin | soir | soir. | | soir. |
| » | » | » | | » | ORAN-Karguentah............Départ | 9 45 | 6 15 | 5 09 | 8 45 | | 12 30 |
| » 65 | » 50 | » 35 | | 6 | La Sénia (Embr. d'Aïn-Temouchent) | 9 54 | 6 26 | 5 21 | 8 51 | | 12 46 |
| 1 10 | » 85 | » 60 | | 10 | Valmy | 10 02 | 6 35 | 5 31 | 9 02 | | 12 58 |
| 2 » | 1 50 | 1 10 | | 18 | Arbal (arrêt) | 10 13 | 6 51 | 5 46 | 9 13 | | 1 19 |
| 2 90 | 2 20 | 1 60 | | 26 | Ste-BARBE-DU-TLELAT { Arrivée | 10 24 | 7 10 | 6 02 | 9 24 | | 1 46 |
| | | | | | (Emb. do Bel-Abbès) { Départ | 10 29 | 7 35 | 6 18 | 9 29 | | soir |
| 4 50 | 3 35 | 2 45 | | 40 | Mare-d'Eau (arret) | 10 47 | 8 06 | 6 45 | » | | |
| 5 15 | 3 85 | 2 85 | | 46 | L'Ougasse (arrêt) | 10 55 | 8 17 | 6 55 | » | | |
| 5 80 | 4 35 | 3 20 | | 52 | St-DENIS-DU-SIG { Arrivée | 11 03 | 8 28 | 7 05 | 9 59 | soir. | |
| | | | | | { Départ | 11 08 | 8 52 | 7 15 | soir. | 10 02 | |
| 6 95 | 5 20 | 3 80 | | 62 | L'Habra (Bou-Henni) Arrêt | 11 22 | 9 15 | 7 32 | | » | |
| 8 50 | 6 40 | 4 70 | | 76 | Perrégaux (Trav. Arzow-Saïda) { Arrivée | 11 39 | 9 39 | 7 53 | | 10 31 | |
| | | | | | { Départ | 11 44 | matin | 8 06 | | 10 36 | |
| 9 05 | 6 80 | 5 00 | | 81 | Sahouria (halte) | » | | 8 16 | | » | |
| 10 10 | 7 55 | 5 55 | | 90 | Oued-Malah (El-Romri) | 12 02 | | 8 32 | | » | |
| 12 » | 9 » | 6 60 | | 107 | L'Hillil | 12 30 | | 9 20 | | » | |
| 13 10 | 9 85 | 7 20 | | 117 | Les Silos (Clinchant) (halte) | » | | 9 37 | | » | 32 |
| 11 10 | 10 60 | 7 75 | | 126 | RELIZANE (buffet)... ) Arrivée | 12 52 | | 9 50 | | 11 35 | matin |
| | | | | | Trav. de Mostaganem-Tiaret ) Départ | 12 58 | | soir | | 11 41 | 5 05 |
| 15 45 | 11 60 | 8 50 | | 138 | Les Salines (Oued-Djemaâ) arrêt | 1 17 | | | | » | 5 36 |
| 17 50 | 13 15 | 9 60 | | 159 | Djidiouïa (St-Aimé) | 1 43 | | | | » | 6 15 |
| 18 25 | 13 70 | 9 95 | | 168 | Oued-Riou (Inkermann) | 1 56 | | | | » | 6 44 |
| 19 10 | 14 35 | 10 40 | | 179 | Le Merdja | 2 15 | | | | » | 7 12 |
| 20 » | 15 » | 10 85 | | 190 | Bou-Kader (Charon) | 2 30 | | | | » | 7 42 |
| 20 65 | 15 50 | 11 15 | | 198 | Oued-Sly (Malakoff) | 2 41 | | 8 mix. | | » | 8 07 |

| | | | Nº | GARES | matin | 4<br>voyag.<br>matin | 6<br>mix.<br>matin | matin | 10 mix.<br>matin | | matin |
|---|---|---|---|---|---|---|---|---|---|---|---|
| 21 85 | 16 40 | 11 75 | 213 | ORLÉANSVILLE — Arrivée | 3 00 | | | | | 1 36 | 8 35 |
| | | | | Départ | 3 10 | | | 9 5 | | 1 43 | matin |
| 22 25 | 16 70 | 11 95 | 218 | Pontéba | 3 19 | | | 9 16 | | » | |
| 22 95 | 17 20 | 12 30 | 227 | Le Barrage (Arrêt) | 3 31 | | | 9 39 | | » | |
| 23 60 | 17 70 | 12 65 | 235 | Oued-Fodda | 3 48 | | | 10 12 | | » | |
| 23 90 | 17 95 | 12 80 | 239 | Témouiga-Vauban (Arrêt) | 3 55 | | | 10 20 | | » | |
| 24 70 | 18 55 | 13 20 | 249 | Les Attafs (Carnot) | 4 08 | | | 10 47 | | » | |
| 24 95 | 18 70 | 13 30 | 252 | Saint-Cyprien-des-Attafs, halte | 4 15 | | | 10 56 | | » | |
| 25 10 | 19 25 | 13 70 | 261 | Oued-Rouïna | 4 28 | | | 11 24 | | » | |
| 26 25 | 19 70 | 13 95 | 268 | Kerba | 4 38 | | | 11 52 | | » | |
| 26 90 | 20 15 | 14 30 | 276 | Duperré | 5 00 | | | 12 31 | | » | |
| 27 85 | 20 90 | 14 75 | 288 | Les Aribs (Littré) | 5 17 | | | 12 52 | | » | |
| 28 55 | 21 40 | 15 10 | 297 | Lavarande | 5 30 | | | 1 9 | | » | |
| 28 90 | 21 70 | 15 30 | 302 | AFFREVILLE — Arrivée | 5 37 | | | 1 19 | | 3 43 | |
| | | | | Départ | 5 45 | | 5 45 | 1 39 | | 3 48 | |
| 29 45 | 22 10 | 15 65 | 312 | Adélia (Arrêt) | 6 08 | | 6 12 | 2 12 | | » | |
| 30 05 | 22 50 | 16 05 | 323 | Vesoul-Benian | 6 29 | | 6 33 | 2 33 | | » | |
| 30 50 | 22 85 | 16 35 | 331 | Bou-Medéa | 6 41 | | 6 53 | 2 50 | | » | |
| 31 20 | 23 35 | 16 80 | 344 | Oued-Djer | 6 59 | | 7 13 | 3 10 | | » | |
| 31 70 | 23 70 | 17 10 | 353 | EL-AFFROUN (Emb. de Marengo) — Arrivée | 7 15 | | 7 27 | 3 24 | matin | 5 5 | |
| | | | | Départ | 7 19 | 5 09 | 7 41 | 3 34 | 11 10 | matin | |
| 32 05 | 23 95 | 17 30 | 359 | Mouzaïaville | 7 29 | 5 19 | 7 54 | 3 44 | 11 20 | | |
| 32 25 | 24 10 | 17 45 | 363 | La Chiffa | 7 37 | 5 27 | 8 05 | 3 52 | 11 28 | | |
| 32 70 | 24 45 | 17 75 | 371 | BLIDAH (Emb. de Médéa) — Arrivée | 7 54 | 5 41 | 8 30 | 4 17 | 11 53 | | |
| | | | | Départ | 8 4 | 5 46 | 8 45 | 4 34 | 12 05 | | |
| 33 05 | 24 70 | 17 95 | 377 | Béni-Méred | 8 14 | 5 56 | 8 57 | 4 41 | 12 15 | | |
| 33 40 | 25 05 | 18 20 | 384 | Boufarik | 8 30 | 6 09 | 9 15 | 5 03 | 12 31 | | |
| 33 70 | 25 15 | 18 35 | 389 | Sidi-Aïd (halte) | » | » | » | 5 12 | 12 40 | | |
| 34 10 | 25 45 | 18 60 | 396 | Birtouta-Chebli | 8 45 | 6 24 | 9 33 | 5 23 | 12 51 | | |
| 34 35 | 25 60 | 18 75 | 401 | Baba-Ali (Arrêt) | » | 6 33 | 9 43 | 5 33 | 1 01 | | |
| 34 50 | 25 70 | 18 80 | 406 | Gué-de-Constantine | 9 01 | 6 42 | 9 53 | 5 44 | 1 10 | | |
| 34 70 | 25 80 | 18 90 | 411 | Maison-Carrée (embr. Est-Algérien) — Arrivée | 9 09 | 6 50 | 10 02 | 5 53 | 1 19 | | |
| | | | | Départ | 9 12 | 6 51 | 10 07 | 6 00 | 1 21 | | |
| 34 85 | 25 90 | 18 95 | 415 | Hussein-Dey | 9 20 | 6 59 | 10 21 | 6 08 | 1 29 | | |
| | | | 416 | Le Ruisseau (halte) | » | » | » | » | » | | |
| | | | 417 | Jardin d'Essai (halte) | » | » | » | » | » | | |
| 34 95 | 25 95 | 18 95 | 418 | Ateliers, Abattoirs (halte) | » | » | » | 6 14 | 1 35 | | |
| 35 00 | 26 00 | 19 00 | 420 | Agha | 9 30 | 7 8 | 10 35 | 6 23 | 1 41 | | |
| 35 00 | 26 00 | 19 00 | 421 | ALGER — Arrivée | 9 35 | 7 13 | 10 40 | 6 28 | 1 46 | | |
| | | | | | soir | mat. | matin | soir | soir | | |

Les trains nºˢ 12 et 14 auront, au départ de Karguentah, une voiture mixte et deux voitures de 3e classe qui seront ajoutés au Tlélat aux trains correspondants de l'Ouest Algérien, afin d'éviter le transbord' des voyageurs allant dans la direction de Tlemcen. — Dans le sens inverse, les trains nºˢ 11 et 17 prendront au Tlélat une voiture mixte et 2 voitures de 3e classe venant de Tlemcen par les trains corresp. de l'Ouest-Alg.

# LIGNE DE PHILIPPEVILLE A CONSTANTINE

| PRIX des PLACES — billets simples | | | DISTANCES kilométriques | GARES | 1 mixte | 3 mixte | 29 march. |
|---|---|---|---|---|---|---|---|
| 1re cl. | 2e cl. | 3e cl. | | | 1re 2e et 3e | 1re 2e et 3e | 1re 2e et 3e |

## TRAINS S'ÉLOIGNANT DE PHILIPPEVILLE

| | | | | | matin | soir | soir |
|---|---|---|---|---|---|---|---|
| » | » | » | » | PHILIPPEVILLE (port) . . départ | 5 » | 3 19 | 12 12 |
| 0 65 | 0 50 | 0 35 | 6 | Damrémont . . . . arrêt | 5 15 | 3 34 | 12 33 |
| 1 25 | 0 90 | 0 70 | 11 | Saf-Saf . . . . | 5 25 | 3 44 | 12 46 |
| 2 15 | 1 60 | 1 15 | 19 | Saint-Charles . . . | 5 43 | 4 02 | 1 17 |
| 3 35 | 2 50 | 1 85 | 30 | Robertville-El-Arrouch . . | 6 06 | 4 25 | 2 06 |
| 4 15 | 3 10 | 2 30 | 37 | Bougrina . . . | 6 23 | 4 42 | 2 38 |
| 5 15 | 3 85 | 2 85 | 46 | Col-des-Oliviers . . . | 6 53 | 5 12 | 3 29 |
| 6 70 | 5 05 | 3 70 | 60 | Smendou . . . | 7 23 | 5 42 | 4 42 |
| 8 30 | 6 20 | 4 55 | 74 | Bizot . . . | 7 50 | 6 09 | 5 29 |
| 8 95 | 6 70 | 4 95 | 80 | Le Hamma . . . | 8 02 | 6 21 | 5 47 |
| 9 75 | 7 30 | 5 35 | 87 | CONSTANTINE . . . arrivée | 8 16 | 6 35 | 6 13 |
| | | | | | matin | soir | soir |

## TRAINS S'ÉLOIGNANT DE CONSTANTINE

| | | | | | 2 mixte | 4 mixte | 34 march. |
|---|---|---|---|---|---|---|---|
| | | | | | matin | soir | soir |
| » | » | » | » | CONSTANTINE . . . départ. | 6 30 | 3 49 | 12 50 |
| 0 80 | 0 60 | 0 45 | 7 | Le Hamma . . . | 6 41 | 4 03 | 1 13 |
| 1 45 | 1 10 | 0 80 | 13 | Bizot . . . | 6 56 | 4 15 | 1 36 |
| 3 » | 2 25 | 1 65 | 27 | Smendou . . . | 7 24 | 4 41 | 2 30 |
| 4 60 | 3 45 | 2 55 | 41 | Col-des-Oliviers . | 7 54 | 5 13 | 3 17 |
| 5 60 | 4 20 | 3 10 | 50 | Bougrina . . . | 8 12 | 5 31 | 3 50 |
| 6 40 | 4 80 | 3 50 | 57 | Robertville-El-Arrouch . | 8 25 | 5 44 | 4 26 |
| 7 60 | 5 70 | 4 20 | 68 | Saint-Charles . . | 8 48 | 6 07 | 5 04 |
| 8 50 | 6 40 | 4 70 | 76 | Saf-Saf . . . | 9 02 | 6 21 | 5 25 |
| 9 05 | 6 80 | 5 » | 81 | Damrémont . . . arrêt | 9 12 | 6 31 | 5 38 |
| 9 75 | 7 30 | 5 35 | 87 | PHILIPPEVILLE . . arrivée. | 9 27 | 6 46 | 6 10 |
| | | | | | matin | soir | soir |

## BUFFETS AU COL-DES-OLIVIERS ET A CONSTANTINE

NOTA. — Les trains nos 29 et 34 prennent régulièrement des voyageurs de 3me classe sur tout leur parcours. — Les jeudis, dimanches et jours de fêtes légales, ces mêmes trains transportent des voyageurs de toutes classes.

Sont considérés comme jours de fêtes : le 1er Janvier, le Mardi-Gras, le Lundi de Pâques, le Jour de l'Ascension, le Lundi de la Pentecôte, le 14 Juillet, l'Assomption, la Toussaint et le Jour de Noël.

Il est délivré, du 1er Juin au 15 Septembre, dans toutes les gares de la ligne de Philippeville à Constantine sur Philippeville, des billets d'aller et retour collectifs pour bains de mer, de 1re, 2e et 3e classes, à prix réduits, aux familles d'au moins trois personnes.

La réduction est de 30 p. % sur le double des prix des billets simples ordinaires pour les familles de 3 personnes et de 50 % pour chaque personne en plus de trois.

# LIGNE D'ALGER A CONSTANTINE

## TRAINS S'ÉLOIGNANT D'ALGER

| PRIX DES BILLETS | | | Dist. Kil. | GARES ET ARRÊTS | 201 direct | 203 1 T.L | 205 mixte | 207 T.L | 209 3 mixte |
|---|---|---|---|---|---|---|---|---|---|
| 1 cl. | 2 cl. | 3 cl. | | | mat. | mat. | mat. | soir. | soir. |
| » | » | » | » | ALGER ............... départ. | 7 55 | 6 25 | 12 10 | 5 35 | 7 40 |
| 0 65 | 0 50 | 0 35 | 2 | Agha ................. | 8 02 | 6 35 | 12 23 | 5 45 | 7 45 |
| 0 65 | 0 50 | 0 35 | 6 | Hussein-Dey .......... | » | 6 44 | 12 37 | 5 56 | 7 53 |
| 1 25 | 0 90 | 0 70 | 11 | MAISON-CARRÉE, buf. (arr. | 8 14 | 6 52 | 12 45 | 6 04 | 8 » |
| | | | | Bifurcation du P.-L.-M. (dép. | 8 16 | 6 54 | 12 55 | 6 09 | 8 01 |
| 1 80 | 1 35 | 1 » | 16 | Oued-Smar, halte | » | » | 1 07 | 6 21 | » |
| 2 15 | 1 60 | 1 15 | 19 | Maison-Blanche ....... | » | 7 12 | 1 20 | 6 32 | 8 15 |
| 2 90 | 2 20 | 1 60 | 26 | Rouïba-Aïn-Taya ...... | 8 41 | 7 25 | 1 38 | 6 49 | 8 27 |
| 3 60 | 2 70 | 1 95 | 32 | Réghaïa .............. | 8 50 | 7 41 | 2 05 | 7 05 | 8 37 |
| 4 35 | 3 30 | 2 40 | 39 | Alma ................. | » | 7 58 | 2 30 | 7 23 | 8 52 |
| 4 70 | 3 55 | 2 60 | 42 | Corso ................ | » | 8 09 | 2 42 | 7 32 | 8 59 |
| 5 15 | 3 85 | 2 85 | 46 | Alléliguïa, halte .... | » | 8 21 | 2 58 | 7 44 | » |
| 5 50 | 4 10 | 3 » | 49 | Belle-Fontaine ....... | » | 8 28 | 3 12 | 7 55 | 9 13 |
| 6 05 | 4 55 | 3 35 | 54 | MÉNERVILLE, buffet (arr. | 9 32 | 8 43 | 3 30 | 8 10 | 9 24 |
| | | | | Emb. de Tizi-Ouzou (dép. | 9 39 | mat. | soir. | soir. | 9 36 |
| 6 85 | 5 10 | 3 75 | 61 | Souk-el-Haad ......... | 9 50 | | | | 9 50 |
| 7 30 | 5 45 | 4 » | 65 | Beni-Amran ........... | 9 59 | | | | 10 03 |
| 8 60 | 6 45 | 4 75 | 77 | Palestro ............. | 10 20 | | | | 10 34 |
| 9 85 | 7 40 | 5 40 | 88 | Thiers ............... | 10 36 | | | | 10 56 |
| 11 10 | 8 30 | 6 10 | 99 | Aomar-Dra-el-Mizan ... | 10 58 | | | | 11 29 |
| | | | | Bouira, buffet (arr. | 11 48 | | | | 12 25 |
| | | | | | | | | | 231 dir. |
| 13 80 | 10 35 | 7 60 | 123 | Bouira, buffet (dép. | 12 18 | | | | 12 37 |
| 15 35 | 11 50 | 8 45 | 137 | Aïn-el-Esnam ......... | 12 40 | | | | » |
| 16 90 | 12 70 | 9 30 | 151 | El-Adjiba ............ | 1 00 | | | | » |
| 18 15 | 13 60 | 10 » | 162 | Maillot .............. | 1 17 | | | | » |
| 19 25 | 14 45 | 10 60 | 172 | BENI-MANÇOUR, buffet (arr. | 1 31 | | | | 1 48 |
| | | | | Emb. de Bougie (dép. | 1 39 | | | | 1 53 |
| 20 70 | 15 55 | 11 40 | 185 | Les Portes de Fer .... | 2 04 | | | | » |
| 22 50 | 16 90 | 12 40 | 201 | M'Zita ............... | 2 31 | | | | » |
| 23 40 | 17 55 | 12 90 | 209 | Mansourah ............ | 2 57 | | | | 3 01 |
| 25 30 | 19 » | 13 90 | 226 | El-Achir ............. | 3 39 | | | | » |
| 26 75 | 20 10 | 14 70 | 239 | Bordj-bou-Arréridj ... | 4 02 | | | | 3 59 |
| 27 55 | 20 65 | 15 15 | 246 | El-Anasser-Galbois ... | 4 13 | | | | » |
| 28 45 | 21 35 | 15 65 | 254 | Chenia-Cérez, halte .. | 4 29 | | | | » |
| 29 55 | 22 20 | 16 25 | 264 | Aïn-Tassera .......... | 4 45 | | | | » |
| 30 35 | 22 75 | 16 70 | 271 | Tixter-Tocqueville ... | 4 57 | | | | 4 47 |
| 31 80 | 23 85 | 17 50 | 284 | Hammam ............... | 5 15 | | | | 5 06 |
| 33 25 | 24 95 | 18 30 | 297 | Mesloug .............. | 5 36 | | 213 m. | | 5 27 |
| 34 50 | 25 85 | 18 95 | 308 | SÉTIF, buffet (arr. | 5 54 | | mat. | | 5 45 |
| | | | | SÉTIF, buffet (dép. | 6 24 | | 5 54 | | mat. |
| 36 05 | 27 05 | 19 85 | 322 | Chasseloup-Laubat .... | 6 44 | | 6 17 | | |
| 37 95 | 28 50 | 20 90 | 339 | Saint-Arnaud ......... | 7 09 | | 6 50 | | |
| 39 65 | 29 75 | 21 80 | 354 | Bir-el-Arch-Navarin .. | 7 31 | | 7 17 | | |
| 41 10 | 30 85 | 22 60 | 367 | Saint-Donat .......... | 7 53 | | 7 45 | | |
| 43 » | 32 25 | 23 65 | 381 | Mechta-Châteaudun .... | 8 17 | 211 T.L | 8 17 | 215 T.L | |
| 45 15 | 33 85 | 24 80 | 403 | Oued-Seguin-Telergma . | 8 45 | mat. | 8 52 | soir. | |
| 47 80 | 35 85 | 26 30 | 427 | EL-GUERRAH, buffet (arr. | 9 17 | mat. | 9 29 | soir. | |
| | | | | Emb. de Biskra (dép. | 9 22 | 7 10 | 9 44 | 7 58 | |
| 48 95 | 36 70 | 26 90 | 437 | OULED-RHAMOUN, buf. (arr. | 9 38 | 7 27 | 10 01 | 8 17 | 217 T.L |
| | | | | Emb. d'Aïn-Beïda (dép. | 9 39 | 7 34 | 10 03 | 8 22 | |
| 50 20 | 37 65 | 27 60 | 448 | KROUBS, buffet (arr. | 9 58 | 7 51 | 10 23 | 8 44 | soir. |
| | | | | Bifurc. Bône-Guelma (dép. | 10 09 | 8 01 | 10 28 | 8 49 | 1 45 |
| 50 75 | 38 05 | 27 90 | 453 | Oued-Hamimin, halte .. | » » | 8 11 | » » | » » | » |
| 51 65 | 38 70 | 28 40 | 461 | Hippodrome, arrêt .... | » » | 8 28 | » » | » » | » |
| 51 95 | 39 » | 28 60 | 464 | CONSTANTINE, arrivée. | 10 40 | 8 43 | 11 » | 9 23 | 2 18 |
| | | | | | soir. | mat. | mat. | soir. | soir. |

Ce train a lieu les lundi, mercr. et vendr.

# LIGNE DE CONSTANTINE A ALGER

**PRIX DES BILLETS** — **TRAINS S'ÉLOIGNANT DE CONSTANTINE**

| 1 cl. | 2 cl. | 3 cl. | Dist. kil. | GARES ET ARRÊTS | 202 direct | 212 T.L. | 214 T.L. | 216 mixte | 218 T.L. |
|---|---|---|---|---|---|---|---|---|---|
| | | | | | mat. | mat. | soir | soir | mat. |
| » | » | » | » | CONSTANTINE.. départ | 6 00 | 8 25 | 3 50 | 6 45 | 7 15 |
| 1 80 | 1 35 | 1 » | 16 | KROUBS, buffet ..... )arr. | 6 31 | 8 59 | 4 28 | 7 17 | 7 48 |
| | | | | Bifurc. Bône-Guelma )dép. | 6 32 | 9 01 | 4 33 | 7 18 | mat. |
| 3 45 | 2 35 | 1 70 | 28 | OULED-RHAMOUN, buf. )arr. | 6 51 | 9 21 | 4 56 | 7 38 | |
| | | | | Emb. d'Aïn-Beïda )dép. | 6 52 | 9 26 | 5 01 | 7 39 | |
| 4 25 | 3 20 | 2 3 | 38 | EL-GUERRAH, buffet )arr. | 7 08 | 9 43 | 5 23 | 7 56 | |
| | | | | Emb. de Biskra )dép. | 7 13 | mat. | soir | 8 06 | |
| 6 85 | 5 10 | 3 75 | 61 | Oued-Seguin-Telergma | 7 46 | | | 8 46 | |
| 9 05 | 6 80 | 5 » | 81 | Mechta-Chateaudun | 8 16 | | | 9 20 | |
| 10 85 | 8 15 | 6 » | 97 | Saint-Donat | 8 49 | | | 9 57 | |
| 12 30 | 9 25 | 6 80 | 110 | Bir-el-Arch-Navarrin | 9 02 | | | 10 20 | |
| 14 » | 10 50 | 7 70 | 125 | Saint-Arnaud | 9 24 | | | 10 52 | |
| 15 90 | 11 95 | 8 75 | 142 | Chasseloup-Laubat | 9 49 | | | 11 26 | |
| 17 45 | 13 10 | 9 60 | 156 | SÉTIF, buffet ..... )arr. | 10 08 | | | 11 48 | |
| | | | | SÉTIF ..... )dép. | 10 38 | | | 232 dir. 11 58 | |
| 18 80 | 14 10 | 10 35 | 168 | Mesloug | 10 56 | | | » | |
| 20 25 | 15 20 | 11 15 | 181 | Hammam | 11 16 | | | » | |
| 21 60 | 16 20 | 11 90 | 193 | Tixter-Tocqueville | 11 36 | | | » | |
| 22 50 | 16 90 | 12 40 | 201 | Aïn-Ta-sera | 11 50 | | | » | |
| 23 50 | 17 65 | 12 95 | 210 | Chenia-Cérez, halte | 12 03 | | | » | |
| 24 55 | 18 40 | 13 50 | 219 | El-Ana-ser-Galbois | 12 17 | | | » | |
| 25 30 | 19 » | 13 90 | 226 | Bordj-bou-Arréridj | 12 32 | | | 1 43 | |
| 26 65 | 20 » | 14 65 | 238 | El-Achir | 12 51 | | | » | |
| 28 55 | 21 40 | 15 70 | 255 | Mansoura | 1 24 | | | 2 35 | |
| 29 55 | 22 20 | 16 25 | 264 | M'Zita | 1 39 | | | » | |
| 31 25 | 23 45 | 17 20 | 279 | Les Portes de Fer | 2 05 | | | » | |
| 32 80 | 24 60 | 18 05 | 293 | BENI-MANÇOUR, buffet )arr. | 2 27 | | | 3 36 | |
| | | | | Emb. de Bougie )dép. | 2 33 | | | 3 41 | |
| 33 80 | 25 35 | 18 60 | 302 | Maillot | 2 48 | | | » | |
| 35 15 | 26 40 | 19 35 | 314 | El-Adjiha | 3 06 | | | » | |
| 36 60 | 27 45 | 20 15 | 327 | Aïn-el-Esnam | 3 28 | | | » | |
| 38 20 | 28 65 | 21 » | 341 | BOUÏRA, buffet ..... )arr. | 3 50 | | | m 4 53 | |
| | | | | BOUÏRA ..... )dép. | 3 55 | | | 206 m. m 5 03 | |
| 41 » | 30 75 | 22 55 | 366 | Aomar-Dra-el-Mizan | 4 39 | | | 5 59 | |
| 42 20 | 31 65 | 23 20 | 377 | Thiers | 4 57 | | | 6 18 | |
| 43 35 | 32 50 | 23 85 | 387 | Palestro | 5 13 | | | 6 44 | |
| 44 80 | 33 60 | 24 65 | 400 | Beni-Amran | 5 34 | | | 7 08 | |
| 45 25 | 33 95 | 24 90 | 404 | Souk-el-Haad | 5 43 | 201 T.L. | 204 m. | 7 21 | 201 f.L. |
| 45 90 | 34 45 | 25 25 | 410 | MÉNERVILLE, buffet )arr. | 5 54 | mat. | soir | 7 33 | soir. |
| | | | | Emb. de Tizi-Ouzou )dép. | 6 00 | 5 00 | 3 » | 7 43 | 7 40 |
| 46 60 | 34 95 | 25 65 | 416 | Belle-Fontaine | » » | 5 12 | 3 14 | 7 51 | 7 52 |
| 46 80 | 35 10 | 25 75 | 418 | Alléliguia, halte | » » | 5 18 | 3 22 | 8 00 | » |
| 47 40 | 35 55 | 26 05 | 423 | Corso | » » | 5 27 | 3 38 | 8 08 | 8 08 |
| 47 60 | 35 70 | 26 20 | 425 | Alma | 6 27 | 5 35 | 3 54 | 8 15 | 8 19 |
| 48 50 | 36 35 | 26 65 | 433 | Réghaia | » » | 5 55 | 4 17 | 8 29 | 8 42 |
| 49 05 | 36 80 | 27 » | 438 | Rouïba-Aïn-Taya | 6 48 | 6 07 | 4 40 | 8 42 | 8 56 |
| 49 85 | 37 40 | 27 40 | 445 | Maison-Blanche | » » | 6 24 | 4 58 | 9 10 | 9 09 |
| 50 30 | 37 70 | 27 65 | 449 | Oued-Smar | » » | 6 33 | 5 07 | 9 11 | » |
| 50 85 | 38 15 | 27 95 | 454 | MAISON-CARRÉE, buf. )arr. | 7 11 | 6 44 | 5 10 | 9 20 | 9 26 |
| | | | | Bifurcation du P.-L.-M. )dép. | 7 13 | 7 » | 5 30 | » | 9 27 |
| 51 30 | 38 45 | 28 20 | 458 | Hussein-Dey | » » | 7 12 | 5 44 | 8 54 | 9 36 |
| 51 85 | 38 90 | 28 60 | 463 | Agha | 7 26 | 7 25 | 6 00 | 9 32 | 9 50 |
| 51 95 | 39 » | 28 60 | 464 | ALGER ..... arrivée | 7 30 | 7 30 | 6 05 | 9 37 | 9 55 |
| | | | | | soir. | mat. | soir. | mat. | soir. |

Ce train a lieu les lundi, mercredi et vendredi au départ de Sétif, arrivée à Bouïra, mardi, jeudi et samedi.

# LIGNE DE MÉNERVILLE A TIZI-OUZOU

## TRAINS S'ÉLOIGNANT DE MÉNERVILLE

| Prix des Places au départ de Ménerville | | | Gares-Arrêts | | TRAINS | | |
|---|---|---|---|---|---|---|---|
| 1re clas. | 2e clas. | 3e clas. | | | 203-1 T.L. | 209-3 T.L. | 5 T.L. |
| | | | | | matin | soir | matin |
| » | » | » | ALGER............................départ | | 6 25 | 7 40 | » |
| » | » | » | MÉNERVILLE, Embr. Alger-Const. arrivée | | 8 43 | 9 24 | |
| | | | départ | | 8 51 | 9 30 | 5 15 |
| 0 80 | 0 60 | 0 45 | Blad-Guitoun....................... | | 9 03 | 9 42 | 5 30 |
| 1 25 | 0 90 | 0 70 | Les Issers-Isserville............... | | 9 12 | 9 51 | 5 43 |
| 1 80 | 1 35 | 1 » | Bordj-Ménaïel...................... | | 9 26 | 10 01 | 5 57 |
| 3 15 | 2 35 | 1 70 | Haussonvillers..................... | | 9 58 | 10 28 | 6 41 |
| 4 05 | 3 » | 2 20 | Camp-du-Maréchal.................. | | 10 18 | 10 45 | 7 01 |
| 4 80 | 3 60 | 2 65 | Mirabeau.......................... | | 10 36 | 10 59 | 7 20 |
| 5 60 | 4 20 | 3 10 | Bou-Khalfa (halte)................. | | 11 55 | 11 14 | 7 39 |
| 5 95 | 4 45 | 3 25 | TIZI-OUZOU....................arrivée | | 11 06 | 11 23 | 7 50 |
| | | | | | mat. | soir | matin |

*(Colonne 5 : N'a lieu que le samedi)*

## TRAINS S'ÉLOIGNANT DE TIZI-OUZOU

| Prix des places au départ de Tizi-Ouzou | | | Gares-Arrêts | | TRAINS | | |
|---|---|---|---|---|---|---|---|
| 1re clas. | 2e clas. | 3e clas. | | | 2-206 T.L. | 4-210 T.L. | 6 T.L. de marché |
| | | | | | mat. | soir | soir |
| » | » | » | TIZI-OUZOU........................ | | 5 40 | 5 15 | 12 20 |
| 0 65 | 0 50 | 0 35 | Bou-Khalfa (halte)................. | | 5 48 | 5 23 | 12 28 |
| 1 25 | 0 90 | 0 70 | Mirabeau.......................... | | 6 03 | 5 38 | 12 45 |
| 1 90 | 1 45 | 1 05 | Camp-du-Maréchal.................. | | 6 17 | 5 54 | 1 04 |
| 2 90 | 2 20 | 1 60 | Haussonvillers..................... | | 6 37 | 6 17 | 1 30 |
| 4 25 | 3 20 | 2 35 | Bordj-Ménaïel...................... | | 7 01 | 6 45 | 1 58 |
| 4 80 | 3 60 | 2 65 | Les Issers-Isserville............... | | 7 11 | 6 53 | 2 12 |
| 5 25 | 3 95 | 2 90 | Blad-Guitoun....................... | | 7 20 | 7 11 | 2 25 |
| 5 95 | 4 45 | 3 25 | MÉNERVILLE, Alger-Const. arrivée | | 7 35 | 7 32 | 2 46 |
| | | | départ | | 7 43 | 7 40 | 3 00 |
| » | » | » | ALGER.........................arrivée | | 9 37 | 9 55 | 6 05 |
| | | | | | mat. | soir | soir |

*(Colonne 6 : n'a lieu le jeudi au dép. des Issers, vend. de Ménaïel, sam. Tizi-Ouzou)*

Les trains 5 et 6 ont lieu le samedi de chaque semaine entre Ménerville et Tizi-Ouzou. En outre, le train 6 a lieu le jeudi au départ des Issers et le vendredi au départ de Bordj-Ménaïel.

## OBSERVATIONS GÉNÉRALES

Billets. — Les billets ne sont valables qu'au départ des trains pour lesquels ils ont été délivrés.

Voyageurs. — Cinq minutes avant l'heure fixée pour le départ, il ne sera plus délivré de billets. Les billets devront être présentés à toute réquisition des agents de la Compagnie. Les voyageurs qui ne pourront pas représenter leur billet, devront payer le prix de leur place calculé sur la distance la plus éloignée.

Bagages et chiens. — Il est alloué à chaque voyageur 30 kil. de bagages. — Il n'est alloué aux enfants transportés à moitié prix que 20 kil. de bagages. — Quinze minutes avant l'heure du départ, il ne sera plus reçu de bagages.

Aucun colis embarrassant ne sera placé dans les voitures des voyageurs.

Les propriétaires de chiens seront obligés d'en faire eux-mêmes le transbordement.

La Compagnie ne répond pas des bagages non enregistrés, qui seraient déposés dans les salles d'attente.

# LIGNE DE CONSTANTINE A BISKRA

## PRIX des PLACES au départ d'El-Guerrah — TRAINS S'ELOIGNANT D'EL-GUERRAH

| 1re cl. | 2e cl. | 3e cl. | Dist. kil. | GARES ET ARRÊTS | 212-31 T L mat. | 214-33 T L soir | 214-35 T L Eté mat. | 222-37 T L Eté mat. |
|---|---|---|---|---|---|---|---|---|
| » | » | » | » | CONSTANTINE. départ | 8 25 | 3 50 | 9 40 | 4 » |
| » | » | » | » | El-Guerrah, buffet (arr. | 9 43 | 5 23 | 11 29 | 5 45 |
| | | | | Bif. Alger-Const. (dép. | 9 53 | 5 35 | 11 55 | 6 10 |
| 1 45 | 1 10 | 0 80 | 13 | Aïn-M'lila | 10 17 | 6 02 | 12 21 | 6 38 |
| 3 45 | 2 60 | 1 90 | 31 | Les Lacs | 10 46 | 6 36 | 12 58 | 7 13 |
| 5 40 | 4 05 | 2 95 | 48 | Aïn-Yagout | 11 13 | 7 07 | 1 30 | 7 44 |
| 6 25 | 4 70 | 3 45 | 56 | Fontaine-Chaude, halte | 11 30 | 7 24 | 1 47 | 8 03 |
| 7 15 | 5 40 | 3 95 | 64 | El-Maâder-Pasteur | 11 44 | 7 43 | 2 06 | 8 21 |
| 7 85 | 5 90 | 4 30 | 70 | Fesdis, halte | 11 56 | 7 55 | 2 18 | 8 33 |
| 9 05 | 6 80 | 5 » | 81 | Batna, buffet (arrivée | 12 14 | 8 15 | 2 36 | 8 51 |
| | | | | Batna, buffet (départ | 12 44 | soir | 2 46 | soir |
| 10 30 | 7 75 | 5 65 | 92 | Lambiridi, halte | 1 03 | | 3 05 | |
| 12 75 | 9 60 | 7 » | 114 | Aïn-Touta-Mac-Mahon | 1 39 | | 3 45 | |
| 13 65 | 10 25 | 7 50 | 122 | Les Tamarins, halte | 1 56 | | 4 02 | |
| 14 35 | 10 85 | 7 95 | 129 | Maâfa, halte | 2 14 | | 4 19 | |
| 16 35 | 12 25 | 9 » | 146 | El-Kantara, buffet | 2 50 | | 5 05 | |
| 18 35 | 13 80 | 10 10 | 164 | Font.-des-Gazelles, halte | 3 19 | | 5 34 | |
| 19 50 | 14 60 | 10 70 | 174 | El-Outaya | 3 41 | | 5 56 | |
| 20 70 | 15 55 | 11 40 | 185 | Ferme Dufour, halte | 3 59 | | 6 15 | |
| 22 60 | 16 95 | 12 45 | 202 | BISKRA. arrivée | 4 25 | | 6 41 | |
| | | | | | soir | | soir | |

Service d'été à partir du 1er Mai (222-37)

## PRIX des PLACES au départ de Biskra — TRAINS S'ELOIGNANT DE BISKRA

| 1re cl. | 2e cl. | 3e cl. | Dist. kil. | GARES ET ARRÊTS | 32-211 T L minuit | 34-215 T L soir | 36-219 T L Eté mat. |
|---|---|---|---|---|---|---|---|
| » | » | » | » | BISKRA départ | 12 00 | 1 00 | 5 20 |
| 1 90 | 1 45 | 1 05 | 17 | Ferme Dufour, halte | 12 27 | 1 27 | 5 47 |
| 3 15 | 2 35 | 1 70 | 28 | El-Outaya | 12 45 | 1 43 | 6 12 |
| 4 35 | 3 30 | 2 40 | 39 | Font.-des-Gazelles, halte | 1 08 | 2 08 | 6 37 |
| 6 25 | 4 70 | 3 45 | 56 | El-Kantara, buffet | 1 48 | 2 48 | 7 24 |
| 8 20 | 6 15 | 4 50 | 73 | Maâfa, halte | 2 25 | 3 25 | 8 07 |
| 8 95 | 6 70 | 4 95 | 80 | Les Tamarins, halte | 2 43 | 3 43 | 8 27 |
| 9 85 | 7 40 | 5 40 | 88 | Aïn-Touta-Mac-Mahon | 3 05 | 4 05 | 8 54 |
| 12 30 | 9 25 | 6 80 | 110 | Lambiridi, halte | 3 41 | 4 41 | 9 35 |
| 13 55 | 10 15 | 7 45 | 121 | Batna, buffet (arrivée | 3 58 | 4 58 | 10 03 |
| | | | | Batna, buffet (départ | 4 15 | 5 08 | 10 22 |
| 14 80 | 11 10 | 8 15 | 132 | Fesdis, halte | 4 34 | 5 27 | 10 34 |
| 15 45 | 11 60 | 8 50 | 138 | El-Maâder-Pasteur | 4 48 | 5 38 | 10 57 |
| 16 35 | 12 25 | 9 » | 146 | Fontaine-Chaude, halte | 5 05 | 5 55 | 11 22 |
| 17 35 | 13 » | 9 55 | 155 | Aïn-Yagout | 5 28 | 6 10 | 11 52 |
| 19 15 | 14 35 | 10 55 | 171 | Les Lacs | 5 55 | 6 35 | 12 30 |
| 21 30 | 15 95 | 11 70 | 190 | Aïn-M'lila | 6 35 | 7 09 | 12 50 |
| 22 60 | 16 95 | 12 45 | 202 | El-Guerrah, buffet (arr. | 6 55 | 7 28 | 1 15 |
| | | | | Bif. Alger-Const. (dép. | 7 10 | 7 58 | 3 » |
| » | » | » | » | CONSTANTINE. arrivée | 8 43 | 9 23s. | soir |

Service du 1er Juin au 30 Septembre (32-211) — Service du 1er Octobre au 31 Mai (34-215) — Service à partir du 1er Mai (36-219)

# LIGNE DE BENI-MANÇOUR A BOUGIE

## PRIX DES PLACES au départ de BÉNI-MANÇOUR — TRAINS S'ÉLOIGNANT DE BENI-MANÇOUR

| 1re cl. | 2e cl. | 3e cl. | Distanc. kil. | GARES ET ARRÊTS | 14 mix. | 13 T L | 15 T L |
|---|---|---|---|---|---|---|---|
| | | | | | matin | soir | soir |
| » | » | » | » | BÉNI-MANÇOUR . . . dép. | 5 » | 2 45 | 6 20 |
| 0 90 | 0 65 | 0 50 | 8 | Tazmalt. | 5 21 | 2 59 | 6 38 |
| 1 45 | 1 10 | 0 80 | 13 | Allaghan | 5 32 | 3 10 | 6 49 |
| 2 70 | 2 » | 1 50 | 24 | Akbou | 6 01 | 3 34 | 7 18 |
| 3 45 | 2 60 | 1 90 | 31 | Azib-ben-Ali-Chériff, halte | 6 14 | 3 47 | 7 31 |
| 3 90 | 2 95 | 2 15 | 35 | Ighzer-Amokran | 6 24 | 3 57 | 7 45 |
| 4 70 | 3 55 | 2 60 | 42 | Takriets-Seddouck | 6 41 | 4 10 | 8 02 |
| 5 25 | 3 95 | 2 90 | 47 | Sidi-Aïch | 7 02 | 4 26 | 8 24 |
| 6 40 | 4 80 | 3 50 | 57 | El-Maten | 7 25 | 4 44 | 8 48 |
| 7 30 | 5 45 | 4 » | 65 | El-K'seur-Oued-Amizour | 7 49 | 5 03 | 9 11 |
| 8 60 | 6 45 | 4 75 | 77 | La Réunion | 8 16 | 5 25 | 9 33 |
| 9 95 | 7 50 | 5 50 | 89 | BOUGIE . . . arrivée | 8 35 | 5 44 | 9 55 |
| | | | | | matin | soir | soir |

## PRIX DES PLACES au départ de BOUGIE — TRAINS S'ÉLOIGNANT DE BOUGIE

| 1re cl. | 2e cl. | 3e cl. | Distanc. kil. | GARES ET ARRÊTS | 12 mix. | 14 T L | 16 T L |
|---|---|---|---|---|---|---|---|
| | | | | | matin | matin | soir |
| » | » | » | » | BOUGIE . . . départ. | 6 15 | 10 25 | 5 04 |
| 1 35 | 1 » | 0 75 | 12 | La Réunion | 6 35 | 10 45 | 5 26 |
| 2 70 | 2 » | 1 50 | 24 | El-K'seur-Oued-Amizou | 7 04 | 11 11 | 5 52 |
| 3 60 | 2 70 | 1 95 | 32 | El-Maten | 7 24 | 11 26 | 6 07 |
| 4 70 | 3 55 | 2 60 | 42 | Sidi-Aïch | 7 51 | 11 48 | 6 29 |
| 5 40 | 4 05 | 2 95 | 48 | Takriets-Seddouck | 8 03 | 12 » | 6 41 |
| 6 05 | 4 55 | 3 35 | 54 | Ighzer-Amokran | 8 20 | 12 13 | 6 54 |
| 6 50 | 4 85 | 3 55 | 58 | Azib-ben-Ali-Chériff, halte | 8 30 | 12 23 | 7 01 |
| 7 30 | 5 45 | 4 » | 65 | Akbou | 8 53 | 12 40 | 7 21 |
| 8 50 | 6 40 | 4 70 | 76 | Allaghan | 9 19 | 1 01 | 7 42 |
| 9 05 | 6 80 | 5 » | 81 | Tazmalt | 9 43 | 1 13 | 7 54 |
| 9 95 | 7 50 | 5 50 | 89 | BENI-MANÇOUR arriv | 10 » | 1 26 | 8 07 |
| | | | | | matin | soir | soir |

L'arrêt d'Azib-ben-Ali-Chériff n'est ouvert qu'au service des voyageurs bagages et chiens.

Il est délivré, du 1er Juin au 1er Octobre, dans toutes les gares du réseau sur Bougie et Alger, des billets d'aller et retour collectifs pour bains de mer, de 1re, 2e et 3e classe, à prix réduits, aux familles d'au moins trois personnes.

La réduction est de 30 0/0 sur le double des prix du barème en vigueur des billets simples, pour les familles de trois personnes, et 50 0/0 pour chaque personne en plus de trois.

La durée de validité est de 45 jours.

# Ligne des Ouled-Rhamoun à Aïn-Beïda

## MARCHE DES TRAINS

### TRAINS S'ELOIGNANT DES OULED-RHAMOUN

| 1re classe | 2e classe | 3e classe | Distances kilomètr. | GARES ET HALTES | 41 T. L. 202 211 | 43 T. L. 214 | 222-45 T. L. Eté |
|---|---|---|---|---|---|---|---|
| | | | | PRIX DES PLACES au départ des Ouled-Rhamoun | matin. | soir | soir. |
| » | » | » | » | CONSTANTINE.. départ. | 6 » | 3 50 | 4 00 |
| » | » | » | » | OULED-RHAMOUN, buffet. { arrivée. | 6 51 | 4 56 | 5 18 |
| | | | | (bifurc. Alger-Const.) { départ. | 7 29 | 5 06 | 5 43 |
| 0.80 | 0.60 | 0.45 | 7 | Sila, halte............ | 7 47 | 5 24 | 6 02 |
| 1.35 | 1 » | 0.75 | 12 | Sigus................ | 8 01 | 5 38 | 6 21 |
| 2.35 | 1.75 | 1.30 | 21 | Taxas............... | 8 28 | 6 04 | 6 48 |
| 3.70 | 2.75 | 2.05 | 33 | Aïn-Fakroun.......... | 9 02 | 6 40 | 7 24 |
| 5.50 | 4.10 | 3 » | 49 | Ourkis.............. | 9 46 | 7 24 | 8 18 |
| 7.40 | 5.55 | 4.05 | 66 | Canrobert........... | 10 28 | 8 05 | 8 59 |
| 8.95 | 6.70 | 4.95 | 80 | Bir-Rouga, halte ...... | 10 59 | 8 36 | 9 30 |
| 10.40 | 7.80 | 5.75 | 93 | AIN-BEIDA...... arrivée. | 11 32 | 9 09 | 10 03 |
| | | | | | matin. | soir | soir. |

Colonnes 222-45 : A partir du 1er Mai.

### TRAINS S'ELOIGNANT D'AIN-BEIDA

| 1re classe | 2e classe | 3e classe | GARES ET HALTES | 42 T. L. 212 213 | 44 T. L. 201 | 44-215 T. L. Eté | 48-201 T. L. Eté |
|---|---|---|---|---|---|---|---|
| | | | PRIX DES PLACES au départ d'Aïn-Beïda | matin. | soir. | mat. | soir. |
| » | » | » | AIN-BEIDA ...départ. | 5 20 | 5 30 | 5 05 | 6 15 |
| 1.75 | 1.20 | 0.85 | Bir-Rouga, halte...... | 5 49 | 5 59 | 5 34 | 6 44 |
| 3 » | 2.25 | 1.65 | Canrobert............ | 6 24 | 6 34 | 6 10 | 7 20 |
| 5.05 | 3.80 | 2.75 | Ourkis.............. | 7 12 | 7 22 | 7 03 | 8 14 |
| 6.70 | 5.05 | 3.70 | Aïn-Fakroun.......... | 7 50 | 7 57 | 7 45 | 8 52 |
| 8.05 | 6.05 | 4.45 | Taxas.............. | 8 24 | 8 31 | 8 20 | 9 30 |
| 9.20 | 6.90 | 5.05 | Sigus............... | 8 51 | 8 57 | 8 45 | 9 56 |
| 9.65 | 7.20 | 5.30 | Sila, halte.......... | 9 04 | 9 10 | 8 59 | 10 10 |
| 10.40 | 7.80 | 5.75 | OULED-RHAMOUN, buffet. (arr. | 9 22 | 9 28 | 9 21 | 10 32 |
| | | | (bifurc. Alger-Const.) (dép. | 10 03 | 9 39 | 9 55 | 10 50 |
| » | » | » | CONSTANTINE.. arr | 11 » | 10 40 | 11 10 | 11 59 |
| | | | | matin. | soir. | soir | soir |

Colonnes 44-215 et 48-201 : A partir du 1er Mai.

---

# PAPETERIE BACONNIER

## IMPRIMERIE — GRAVURE — RELIURE

### 7, Rue de Strasbourg, ALGER

### ARTICLES POUR LA PEINTURE ARTISTIQUE

# LIGNE DE SAINT-EUGÈNE A ROVIGO
### Section d'Alger à Rovigo

## DÉSIGNATION DES TRAINS S'ÉLOIGNANT D'ALGER

| PRIX des billets simp. 2 cl. | 3 cl. | Dist. kilom. | ARRÊTS | SERVICE D'ÉTÉ 101 mix. mat. | 103 mix. soir. | 151 mix. soir. | 105 mix. soir. | SERVICE D'HIVER 123 mix. mat. | 135 mix. soir. | 25 mix. soir. |
|---|---|---|---|---|---|---|---|---|---|---|
| » | » | » | Alger Pl., Electric.. | 6 00 | 1 00 | 3 20 | 6 00 | 6 30 | 12 30 | 5 00 |
| » | » | » | Port d'Alger, Vapeur. | 6 00 | 1 00 | 3 20 | 6 00 | 6 58 | 12 58 | 5 28 |
| 0 15 | 0 10 | 2 | Mustapha, r. Molière.. | 6 08 | 1 08 | 3 28 | 6 08 | 7 05 | 1 05 | 5 35 |
| 0 80 | 0 50 | 11 | Maison-Carrée, Gare. | 7 01 | 2 01 | 4 25 | 7 01 | 7 31 | 1 31 | 6 01 |
| 1 35 | 0 95 | 19 | Les Eucalyptus........ (Sidi-Moussa & Rivet) | 7 22 | 2 22 | 4 50 | 7 22 | 7 58 | 1 58 | 6 28 |
| 2 10 | 1 50 | 29 | L'Arba............... | 7 50 | 2 50 | 5 30 | 7 50 | 8 34 | 2 34 | 7 04 |
| 2 30 | 1 65 | 32 | Chemin de Roumili.. | 7 57 | 2 57 | 5 37 | 7 57 | 8 42 | 2 42 | 7 12 |
| 2 30 | 1 85 | 36 | Rovigo.............. | 8 07 | 3 07 | 5 47 | 8 07 | 8 55 | 2 55 | 7 25 |

## DÉSIGNATION DES TRAINS S'ÉLOIGNANT DE ROVIGO

| PRIX des Billets simp. 2 cl. | 3 cl. | Dist. kilom. | ARRÊTS | SERVICE D'ÉTÉ 102 mix. mat. | 152 mix. mat. | 104 mix. soir. | 106 mix. soir. | SERVICE D'HIVER 128 mix. mat. | 140 mix. soir. | 26 mix. soir. |
|---|---|---|---|---|---|---|---|---|---|---|
| » | » | » | Rovigo .............. | 5 13 | 8 50 | 12 13 | 5 13 | 5 59 | 11 59 | 4 29 |
| 0 30 | 0 20 | 5 | Chemin de Roumili . | 5 23 | 9 00 | 12 23 | 5 23 | 6 12 | 16 12 | 4 42 |
| 0 50 | 0 35 | 7 | L'Arba............... | 5 30 | 9 10 | 12 30 | 5 30 | 6 22 | 12 22 | 4 52 |
| 1 25 | 0 90 | 18 | Les Eucalyptus....... (Sidi-Moussa & Rivet) | 5 58 | 9 38 | 12 58 | 5 58 | 6 56 | 12 56 | 5 26 |
| 1 90 | 1 40 | 25 | Maison-Carrée, Gare. | 6 19 | 9 59 | 1 19 | 6 19 | 7 26 | 1 26 | 5 56 |
| 2 25 | 1 75 | 34 | Mustapha, r. Molière. | 7 15 | 10 55 | 2 15 | 7 15 | 7 50 | 1 50 | 6 20 |
| 2 60 | 1 85 | 36 | Port-d'Alger, Vapeur. | 7 20 | 11 00 | 2 20 | 7 20 | 7 58 | 1 58 | 6 28 |
| 2 60 | 1 85 | » | Alger Pl., Electric.. | 7 20 | 11 00 | 2 20 | 7 20 | 8 25 | 2 25 | 6 55 |

Le service d'été commence le 1er Mai et finit le 31 Octobre.
Le service d'hiver commence le 1er Novembre et finit le 30 Avril.

Une voiture faisant le service de la poste assure la correspce des Eucalyptus à Sidi-Moussa et inversement à tous les trains.

Une voiture faisant le service de la poste assure la correspondance entre les Eucalyptus et Rivet aux trains 101 et 105, 102 et 106.

Une voiture assure la correspondance entre l'Arba, Tablat et Aumale au train 101, et entre Aumale, Tablat et l'Arba au train 106, pour le transport des voyageurs, des bagages, des colis à grande et petite vitesse et des colis postaux.

Pendant la période des bains, une voiture assure la correspondance entre la gare de Rovigo et la Station Thermale d'Hammam-Melouan (Les Eaux Chaudes) aux trains 101, 103, 104 et 106.

## RENSEIGNEMENTS COMPLÉMENTAIRES RELATIFS A LA LIGNE ALGER-COLÉA

Un service de correspondance en voitures est organisé à l'arrivée et au départ de tous les trains entre Mazafran et Coléa et entre Mazafran et Castiglione, pour le transport des voyageurs, des bagages, des marchandises à grande vitesse et des colis postaux. Ces voitures ont des bureaux ouverts à Coléa et à Castiglione.

Départs de Coléa à 5 h. 15 matin, midi 25 et 5 h. 15 soir.

(Voir page 112 la suite des renseignements).

# LIGNE D'ALGER A COLÉA

## Section des Deux-Moulins à Mazafran

### TRAINS S'ÉLOIGNANT D'ALGER

| PRIX des billets simpl. 2e cl. | 3e cl. | Dist. kilom. | Désignation des Arrêts | 41 facul. régul. | TRAINS RÉGULIERS 1 | 3 | 5 | 7 | 9 | 11 |
|---|---|---|---|---|---|---|---|---|---|---|
| | | | | mat | mat | mat | mat. | soir | soir | soir |
| » | » | » | ALGER (Pl. du Gouv.) ....départ. | 4 15 | 6 05 | 8 45 | 11 05 | 1 15 | 3 15 | 6 05 |
| 0 35 | 0 20 | 5 | Deux-Moulins | 4 46 | 6 36 | 9 16 | 11 36 | 1 46 | 3 46 | 6 36 |
| 0 45 | 0 30 | 7 | Pointe-Pescade | 4 54 | 6 44 | 9 24 | 11 44 | 1 54 | 3 54 | 6 44 |
| 0 60 | 0 40 | 9 | Bains-Romains | 5 00 | 6 50 | 9 30 | 11 50 | 2 00 | 4 00 | 6 50 |
| 0 65 | 0 45 | 10 | Fontaine (bains) | 5 02 | 6 52 | 9 32 | 11 52 | 2 02 | 4 02 | 6 52 |
| 0 75 | 0 50 | 10 | Villas (bains) | 5 06 | 6 56 | 9 36 | 11 56 | 2 06 | 4 06 | 6 56 |
| 0 85 | 0 65 | 11 | Cap Caxine (phare) | 5 12 | 7 02 | 9 42 | 12 02 | 2 12 | 4 12 | 7 02 |
| 1 05 | 0 75 | 12 | St-Cloud s/mer (facultatif) | 5 15 | 7 05 | 9 45 | 12 05 | 2 15 | 4 15 | 7 05 |
| 1 05 | 0 75 | 15 | Guyotville (gare) | 5 21 | 7 11 | 9 51 | 12 11 | 2 21 | 4 21 | 7 11 |
| 1 10 | 0 80 | 16 | Guyotville (village) | 5 25 | 7 15 | 9 55 | 12 15 | 2 25 | 4 25 | 7 15 |
| 1 45 | 1 05 | 20 | Les Dunes | | 7 29 | | | 2 39 | | 7 29 |
| 1 45 | 1 05 | 21 | La Trappe | | 7 34 | | | 2 44 | | 7 34 |
| 1 65 | 1 20 | 23 | Staoueli | | 7 41 | | | 2 51 | | 7 41 |
| 1 75 | 1 30 | 25 | Sidi-Ferruch | | 7 48 | | | 2 58 | | 7 48 |
| 2 15 | 1 55 | 29 | Zéralda | | 8 01 | | | 3 11 | | 8 01 |
| 2 45 | 1 75 | 34 | MAZAFRAN ....arrivée. | | 8 19 | | | 3 29 | | 8 19 |

### TRAINS S'ÉLOIGNANT DE MAZAFRAN

| PRIX des billets simp. 2e cl. | 3e cl. | Dist. kilom. | Désignation des Arrêts | 42 facul. régul. | TRAINS RÉGULIERS 2 | 4 | 6 | 8 | 10 | 12 |
|---|---|---|---|---|---|---|---|---|---|---|
| | | | | mat | mat | mat. | soir | soir | soir | soir |
| » | » | » | MAZAFRAN ....départ. | | 6 03 | | | 1 13 | | 6 03 |
| 0 30 | 0 20 | 6 | Zéralda | | 6 21 | | | 1 31 | | 6 21 |
| 0 70 | 0 45 | 10 | Sidi-Ferruch | | 6 34 | | | 1 44 | | 6 34 |
| 0 80 | 0 55 | 12 | Staoueli | | 6 41 | | | 1 51 | | 6 41 |
| 1 00 | 0 70 | 14 | La Trappe | | 6 48 | | | 1 58 | | 6 48 |
| 1 35 | 0 95 | 15 | Les Dunes | | 6 53 | | | 2 03 | | 6 53 |
| 1 35 | 0 95 | 19 | Guyotville (village) | 5 38 | 7 08 | 10 38 | 12 38 | 2 18 | 4 48 | 7 08 |
| 1 40 | 1 00 | 19 | Guyotville (gare) | 5 41 | 7 11 | 10 41 | 12 41 | 2 21 | 4 51 | 7 11 |
| 1 60 | 1 10 | 22 | St-Cloud s/mer (facultatif) | 5 47 | 7 17 | 10 47 | 12 47 | 2 27 | 5 57 | 7 17 |
| 1 60 | 1 10 | 22 | Cap Caxine (phare) | 5 50 | 7 20 | 10 50 | 12 50 | 2 30 | 5 00 | 7 20 |
| 1 70 | 1 25 | 25 | Villas (bains) | 5 56 | 7 26 | 10 56 | 12 56 | 2 36 | 5 05 | 7 26 |
| 1 80 | 1 30 | 25 | Fontaine (bains) | 6 00 | 7 30 | 11 00 | 1 00 | 2 40 | 5 10 | 7 30 |
| 1 85 | 1 35 | 26 | Bains-Romains | 6 02 | 7 32 | 11 02 | 1 02 | 2 42 | 5 12 | 7 32 |
| 2 00 | 1 45 | 28 | Pointe-Pescade | 6 08 | 7 38 | 11 08 | 1 08 | 2 48 | 5 18 | 7 38 |
| 2 10 | 1 55 | 30 | Deux-Moulins | 6 20 | 7 50 | 11 20 | 1 20 | 3 00 | 5 30 | 7 50 |
| 2 45 | 1 75 | 34 | ALGER (Pl. du Gouv.) ....arrivée. | 6 43 | 8 15 | 11 45 | 1 45 | 3 25 | 5 55 | 8 15 |

NOTA. — Les voyageurs qui voudront éviter l'encombrement, pourront prendre, à la place du Gouvernement, les voitures électriques précédant de 10 minutes les heures de départ indiquées ci-dessus, et subiront par conséquent un stationnement de 10 minutes aux Deux-Moulins.

Arrivées à Coléa à 9 h. 10 matin, 4 h. 20 et 9 h. 10 soir.

Départs de Castiglione à 4 h. 55 mat. midi 5 et 4 h. 55 soir.

Arrivées à Castiglione à 9 h. 25 matin, 4 h. 35 et 9 h. 25 soir.

**Prix des Places :** Voyage de Mazafran à Coléa ou à Castiglione, 0,75 — Des tickets de correspondance donnant droit à une place dans les voitures seront délivrés dans les trains C.-F.-R.-A. aux voyageurs qui en feront la demande.

Un service de correspondance en voitures est organisé à l'arrivée des trains 1 et 7 et au départ des trains 2 et 12 entre Mazafran et Bérard. Prix des places : 1 fr. 25 ; durée du voyage en voiture : 2 heures.

Un autre service est organisé à l'arrivée du train 1 et au départ du train 12 entre Mazafran et Tipaza. Prix des places : 2 fr. 25 ; durée du voyage en voiture : 4 h. 15.

Un service de correspondance fonctionne à l'arrivée du train 1 et au départ du train 12 entre Mazafran et Marengo, par Attatba et Montebello.

# Ligne de DELLYS à BOGHNI

### Section de DELLYS à CAMP-DU-MARÉCHAL

| kilom. | 2e cl. | 3e cl. | GARES | 21 r. m. (1) | 23 r. m. | 21 bis (1 facul. mixte |
|---|---|---|---|---|---|---|
| | | | | matin | soir | matin |
| » | » | » | DELLYS...........départ. | 5 05 | 4 10 | 4 45 |
| 5 | 0 45 | 0 35 | Phare Bengut (arr. fac.) | » | » | » |
| 8 | 0 60 | 0 45 | Takdempt............... | 5 27 | 4 32 | 5 08 |
| 11 | 0 85 | 0 60 | Touabet................ | 5 40 | 4 45 | 5 21 |
| 15 | 1 15 | 0 85 | Ben-N'Choud-Bois-Sacré... | 5 52 | 4 57 | 5 33 |
| 21 | 1 60 | 1 15 | Rébeval................. | 6 11 | 5 16 | 5 52 |
| | | | Camp-du- { arrivée... | 6 45 | 5 50 | 6 25 |
| 31 | 2 35 | 70 1 | Maréchal { E. A. | 2-206 m. | 4-210 m. | 5 mixte |
| | | | { départ... | 7 04 | 6 13 | 6 34 |
| » | » | » | ALGER..........arrivée. | 11 30 | 10 18 | » |
| » | » | » | Tizi-Ouzou.....arrivée. | » | » | 7 25 |
| | | | | matin | soir | matin |

# Ligne de DELLYS à BOGHNI

### Section de CAMP-DU-MARÉCHAL à DELLYS

| kilom. | 2e cl. | 3e cl. | GARES | 201-1 mixte | 207-3 mixte | |
|---|---|---|---|---|---|---|
| | | | | matin | soir | |
| » | » | » | ALGER..........départ.. | 6 30 | 6 00 | |
| » | » | » | Tizi-Ouzou.....départ.. | » | » | |
| | | | Camp-du- { arrivée... | 10 23 | 10 02 | |
| » | » | » | Maréchal { E. A. | 22 r. m. | 24 r. m. | |
| | | | { départ... | 10 40 | 10 05 | |
| 11 | 0 85 | 0 60 | Rébeval................. | 11 13 | 10 38 | |
| 17 | 1 30 | 0 95 | Ben-N'Choud-Bois-Sacré.. | 11 32 | 10 57 | |
| 20 | 1 50 | 1 10 | Touabet................. | 11 44 | 11 09 | |
| 24 | 1 80 | 1 30 | Takdempt................ | 11 57 | 11 22 | |
| 27 | 2 05 | 1 50 | Phare Bengut (arr. fac.) | » | » | |
| 31 | 2 35 | 1 70 | DELLYS.........arrivée | 12 20 | 11 45 | |
| | | | | soir | matin | |

NOTA. — (1) Le train régulier n° 21 n'a pas lieu le samedi. Ce train est remplacé ce jour-là par le train n° 21 bis donnant au Camp-du-Maréchal la correspondance sur Tizi-Ouzou et sur Alger à 6 h. 34 et à 7 h. 04 du matin.

# LIGNE D'EL-AFFROUN A MARENGO

## TRAINS S'ÉLOIGNANT D'EL-AFFROUN

| PRIX des BILLETS SIMPLES | | Distances kil. | GARES ET ARRÊTS | 201 voyag. | 203 mixte | 205 mixte |
|---|---|---|---|---|---|---|
| 2e cl. | 3e cl. | | | matin | soir | soir |
| » | » | » | El-Affroun ................ départ | 9 25 | 4 20 | 8 05 |
| 0 45 | 0 35 | 6 | Ameur-el-Aïn ................ | 9 12 | 4 37 | 8 22 |
| 1 05 | 0 75 | 14 | Bourkika ................ | 10 10 | 5 05 | 8 50 |
| 1 50 | 1 10 | 20 | Marengo ................ arrivée | 10 29 | 5 24 | 9 09 |

## TRAINS S'ÉLOIGNANT DE MARENGO

| PRIX des BILLETS SIMPLES | | Distances kil. | GARES ET ARRÊTS | 202 mixte | 204 mixte | 206 mixte |
|---|---|---|---|---|---|---|
| 2e cl. | 3e cl. | | | matin | soir | soir |
| » | » | » | Marengo ................ départ | 6 16 | 2 00 | 6 00 |
| 0 45 | 0 35 | 6 | Bourkika ................ | 6 34 | 2 18 | 6 18 |
| 1 15 | 0 85 | 15 | Ameur-el-Aïn ................ | 7 02 | 2 46 | 6 46 |
| 1 50 | 1 10 | 20 | El-Affroun ................ arrivée | 7 20 | 3 01 | 7 04 |

| | | | |
|---|---|---|---|
| Le Train 201 | | n° 1, partant d'Alger à 6 50 du matin. |
| » 203 | correspond | n° 5, » à 1 35 du soir. |
| » 205 | | n° 7, » à 5 05 du soir. |
| » 202 | avec le | n° 6, arrivant à Alger à 10 40 du matin |
| » 204 | train P.-L.-M. | n° 8, » à 6 26 du soir. |
| » 206 | | n° 2, » à 9 35 du soir. |

## PRIX DES BILLETS ALLER ET RETOUR

| De ou pour Alger | 2 cl. | 3 cl. | De ou pour Maison Carrée | 2 cl. | 3 cl. |
|---|---|---|---|---|---|
| Les Eucalyptus ................ | 2 25 | 1 50 | Les Eucalyptus ................ | 1 15 | 0 80 |
| Arba ................ | 3 20 | 2 10 | Arba ................ | 2 20 | 1 45 |
| Rovigo ................ | 3 90 | 2 50 | Rovigo ................ | 2 90 | 1 95 |
| De l'Arba à Rovigo et vice-versa ................ | | | | 0 75 | 0 50 |
| D'El-Affroun à Marengo et vice-versa ................ | | | | 2 70 | 1 75 |
| De Dellys à Camp-du-Maréchal ................ | | | | 4 20 | 2 75 |

## OBSERVATIONS

Les Billets ne sont valables que pour les trains dans lesquels ils ont été délivrés et doivent être présentés à toute réquisition des agents de la Société.

Les Militaires et Marins en tenue ou porteurs d'une permission ou d'une carte d'identité, paieront la moitié du tarif, avec minimum de 0,25 en 2e classe et de 0,15 en 3e classe.

Les porteurs de cartes de circulation et de cartes d'abonnement devront les présenter à toute réquisition des agents.

Il est alloué à chaque voyageur 30 kil. de bagages, et 20 kil. aux enfants transportés à moitié prix. La réception des bagages cesse dix minutes avant l'heure réglementaire du départ de chaque train. La Société ne répond pas des bagages non enregistrés qui seraient déposés dans les abris.

Les chiens doivent être muselés en quelque saison que ce soit. Ils ne peuvent être admis que dans les voitures de 3e classe avec l'assentiment des voyageurs et à la condition expresse d'être tenus en laisse.

# LIGNE DE BLIDA A BERROUAGHIA

## TRAINS S'ÉLOIGNANT DE BLIDA

| 1re cl. | 2e cl. | 3e cl. | DIST. kilomét. | GARES | Train n° 51 | Train n° 53 | Train n° 55 été (1) | Train n° 55 hiv. (2) | Train n° 57 |
|---|---|---|---|---|---|---|---|---|---|
| | | | | | n° 51 | n° 53 | Le Train n° 55 n'a lieu que le Mercredi. | | Dima. p'che, Mardi, Jeudi et Samedi. |
| | | | | | matin | soir | | | |
| » | » | » | » | BLIDA............départ. | 8 52 | 3 57 | | | |
| 1 35 | 1 » | 0 75 | 11 3 | Sidi-Madani............ | 9 22 | 4 25 | | | |
| 2 15 | 1 60 | 1 15 | 18 7 | Camp-des-Chênes...... | 9 43 | 4 47 | | | |
| 3 45 | 2 60 | 1 90 | 30 5 | Mouzaïa-les-Mines .... | 10 18 | 5 22 | | | |
| 5 05 | 3 80 | 2 75 | 44 5 | Lodi................ | 10 57 | 6 03 | | | |
| | | | | | | | matin | matin | soir |
| 5 60 | 4 20 | 3 10 | 49 2 | MÉDÉA........arr. | 11 12 | 6 17 | | | |
| | | | | MÉDÉA........dép. | 11 22 | soir | 5 00 | 5 55 | 6 25 |
| 5 80 | 4 35 | 3 20 | 51 7 | Damiette............ | 11 30 | | 5 09 | 6 04 | 6 33 |
| 6 60 | 4 95 | 3 65 | 58 2 | Loverdo............ | 11 47 | | 5 27 | 6 22 | 6 49 |
| 7 95 | 5 95 | 4 35 | 70 2 | Ben-Chicao............ | 12 24 | | 6 04 | 7 00 | 7 24 |
| 9 40 | 7 05 | 5 15 | 83 2 | BERROUAGHIA..arrivée | 12 52 | | 6 32 | 7 28 | 7 52 |
| | | | | | soir | | matin | matin | soir |

## TRAINS S'ÉLOIGNANT DE BERROUAGHIA

| 1re cl. | 1re cl. | 3e cl. | DIST. kilomét. | GARES | Train n° 52 | Train n° 54 | Train n° 56 | |
|---|---|---|---|---|---|---|---|---|
| | | | | | | | | Le train n° 56 n'a lieu que le Dimanche, le Mardi, le Jeudi et le Samedi. |
| | | | | | soir | matin | | |
| » | » | » | » | BERROUAGHIA .départ. | | 4 07 | 4 17 | |
| 1 45 | 1 10 | 0 80 | 12 9 | Ben-Chicao............ | | 4 44 | 4 56 | |
| 2 80 | 2 10 | 1 55 | 25 0 | Loverdo............ | | 5 12 | 5 25 | |
| 3 60 | 2 70 | 1 95 | 31 5 | Damiette............ | | 5 29 | 5 43 | |
| 3 90 | 2 95 | 2 15 | 31 0 | MÉDÉA........arr. | matin | 5 37 | 5 50 | |
| | | | | MÉDÉA........dép | 6 » | 5 47 | matin | |
| 4 35 | 3 30 | 2 40 | 38 7 | Lodi................ | 6 13 | 6 01 | | |
| 5 95 | 4 45 | 3 25 | 52 7 | Mouzaïa-les-Mines.... | 6 47 | 6 31 | | |
| 7 30 | 5 45 | 4 » | 61 5 | Camp-des-Chênes...... | 7 17 | 6 59 | | |
| 8 05 | 6 05 | 4 45 | 71 9 | Sidi-Madani.......... | 7 35 | 7 15 | | |
| 9 40 | 7 05 | 5 15 | 83 2 | BLIDA........arrivée. | 8 02 | 7 41 | | |
| | | | | | matin | soir | | |

(1) *Service d'Été : Du 1er Mai au 14 Octobre.*
(2) *Service d'Hiver : Du 15 Octobre au 30 Avril.*

## CORRESPONDANCES AVEC LES TRAINS DE LA COMPAGNIE P.-L.-M., A BLIDA

Le train 51 correspond avec le train 1 P.-L.-M. partant d'Alger à 6 h. 50 du matin et avec le train 6 P.-L.-M. partant d'Affreville à 5 h. 45 du matin.

Le train 53 correspond les Mardi, Jeudi, Samedi, Dimanche, avec le train n° 5 P.-L.-M. partant d'Alger à 1 h. 33 du soir.

Le train 59 correspond avec le train 7 P.-L.-M. partant d'Alger à 5 h. 01 du soir et avec le train 2 P.-L.-M. partant d'Oran à 9 h. 45 du matin.

Le train 52 correspond avec le train 6 P.-L.-M. arrivant à Alger à 10 h. 40 du matin et avec le train 1 P.-L.-M. arrivant à Oran-Karguentah à 6 h. 52 du soir.

Le train 54 correspond avec le train 2 P.-L.-M. arrivant à Alger à 9 h. 35 du soir, et avec le train 9 P.-L.-M. arrivant à El-Affroun à 11 h. 43 du soir.

NOTA. - Le Dimanche, le Mardi, le Jeudi et le Samedi de chaque semaine, le train 56 correspond à Médéa avec le train 52 et le train 57 correspond également avec le train 52 à Médéah.

## Ste-Barbe-du-Tlélat à Tlemcen

| 1re cl. | 2e cl. | 3e cl. | Dist. kil. | GARES | Train 1 | Train 11 | Train 15 | Train 1 |
|---|---|---|---|---|---|---|---|---|
| | | | | | matin | matin | matin | matin |
| 44 25 | 33 20 | 21 35 | 395 | ALGER...........départ. | | | | 6 50 |
| » | » | » | » | Relizane............... | | 6 10 | » | 3 35 |
| » | » | » | » | Perrégaux.......... | | 8 01 | 11 40 | 4 50 |
| » | » | » | » | St-Denis-du-Sig........ | 6 41 | 8 57 | 12 40 | 5 26 |
| | | | | | matin | matin | matin | matin |
| | | | | | 12 | 2 | 34 | 14 |
| | | | | | matin | matin | matin | soir |
| » | » | » | » | Oran-Karguentah...... | 6 15 | 9 45 | 12 30 | 5 09 |
| | | | | | 1 | 3 | 5 | 7 |
| | | | | | matin | matin | soir | soir |
| » | » | » | » | Ste-BARBE-DU TLÉLAT dép. | 7 27 | 10 33 | 2 07 | 6 20 |
| 0 65 | 0 50 | 0 35 | 6 | Saint-Lucien.......... | 7 39 | 10 50 | 2 21 | 6 32 |
| 1 80 | 1 35 | 1 » | 16 | Lauriers-Roses........ | 8 02 | 11 22 | 2 48 | 6 55 |
| 3 25 | 2 45 | 1 80 | 29 | Oued-Imbert.......... | 8 25 | 11 56 | 3 18 | 7 18 |
| 4 05 | 3 » | 2 20 | 36 | Les Trembles......... | 8 38 | 12 12 | 3 32 | 7 31 |
| 4 70 | 3 55 | 2 60 | 42 | Sidi-Brahim-Prudon... | 8 50 | 12 29 | 3 48 | 7 43 |
| | | | | SIDI-BEL-ABBÈS { Arrivée. | 9 06 | 12 49 | 4 05 | 7 59 |
| | | | | | | matin | soir | |
| | | | | | | 11 | 13 | |
| | | | | | | matin | soir | |
| 5 80 | 4 35 | 3 20 | 52 | Départ. | 9 14 | 9 30 | 5 09 | 8 14 |
| 6 50 | 4 85 | 3 55 | 58 | Sidi-Lhassen......... | 9 25 | 9 44 | 5 22 | 8 26 |
| 7 15 | 5 40 | 3 95 | 64 | Sidi-Khaled-Palissy... | 9 36 | 9 58 | 5 40 | 8 37 |
| 7 95 | 5 95 | 4 35 | 71 | Boukanéfis........... | 9 48 | 10 19 | 5 58 | 8 49 |
| 8 40 | 6 30 | 4 60 | 75 | Tabia Embranch. de { Arrivée. | 9 57 | 10 32 | 6 10 | 8 58 |
| | | | | Ras-el-Má Départ. | 9 58 | | | 8 59 |
| 9 85 | 7 40 | 5 40 | 88 | Taffaman | 10 21 | | | 9 19 |
| 11 10 | 8 30 | 6 10 | 99 | Aïn-Tellout | 10 40 | | | 9 36 |
| 12 10 | 9 05 | 6 65 | 107 | Lamoricière { arr. | 10 55 | Ras-el-Má | Bedeau jeudi seulement | 9 50 |
| | | | | { dép. | 11 01 | | | 9 55 |
| 13 20 | 9 90 | 7 25 | 118 | Oued-Chouly......... | 11 19 | | | 10 13 |
| 14 55 | 10 90 | 8 » | 130 | Aïn-Fezza........... | 11 39 | | | 10 33 |
| 15 55 | 11 70 | 8 55 | 139 | TLEMCEN........arr. | 11 56 | | | 10 50 |
| | | | | | matin | | | soir |

## Billets d'aller et retour (Relations P.-L.-M. Ouest-Algérien).

| PARCOURS | 1. cl. | 2. cl. | 3. cl. |
|---|---|---|---|
| **DE OU POUR KARGUENTAH** | | | |
| Saint-Lucien........ | 4 80 | 3 65 | 2 65 |
| Les Lauriers-Roses. | 7 10 | 5 35 | 3 95 |
| Oued-Imbert........ | 10 00 | 7 55 | 5 55 |
| Les Trembles....... | 11 60 | 8 65 | 6 35 |
| Prudon (Sidi-Brahim)... | 12 80 | 9 60 | 7 05 |
| Sidi-Lhassen....... | 16 50 | 12 35 | 9 05 |
| Sidi-Khaled........ | 17 80 | 13 45 | 9 85 |
| Boukanéfis......... | 19 40 | 14 55 | 10 65 |
| Tabia.............. | 20 30 | 15 25 | 11 15 |
| Chanzy............. | 22 10 | 16 55 | 12 15 |
| Si-Slissen......... | 25 90 | 19 45 | 14 25 |

| PARCOURS | 1. cl. | 2. cl. | 3. cl. |
|---|---|---|---|
| **DE OU POUR KARGUENTAH** (suite) | | | |
| Magenta............. | 29 30 | 21 95 | 16 15 |
| Les Pins............ | 30 80 | 23 15 | 16 95 |
| Titen-Yaya.......... | 32 40 | 24 35 | 17 85 |
| Bedeau.............. | 35 50 | 26 65 | 19 55 |
| Raz-el-Má-Crampel.. | 37 50 | 28 15 | 20 65 |
| Taffaman............ | 23 20 | 17 45 | 12 75 |
| Aïn-Tellout......... | 25 70 | 19 25 | 14 15 |
| Lamoricière......... | 26 80 | 20 20 | 14 75 |
| Oued-Chouly......... | 26 80 | 20 20 | 14 75 |
| Aïn-Fezza........... | 26 80 | 20 20 | 14 75 |

## Tlemcen à Ste-Barbe-du-Tlélat

| PRIX DES BILLETS | | | Dist. kil. | GARES | Train 2 | Train 8 | Train 14 | Train 12 |
|---|---|---|---|---|---|---|---|---|
| 1re cl. | 2e cl. | 3e cl. | | | | | Raselmâ-Crampel | Bédeau n'a lieu que le jeudi |
| » | » | » | » | TLEMCEN............. | matin 6 00 | soir 4 06 | | |
| 1 10 | 0 85 | 0 60 | 10 | Aïn-Fezza.......... dép.. | 6 18 | 4 28 | | |
| 2 35 | 1 75 | 1 30 | 21 | Oued-Chouly........... | 6 36 | 4 47 | | |
| 3 60 | 2 70 | 1 95 | 32 | Lamoricière..... arr. / dép. | 6 50 / 6 55 | 5 05 / 5 10 | | |
| 4 60 | 3 45 | 2 55 | 41 | Aïn-Tellout............ | 7 08 | 5 28 | | |
| 5 80 | 4 35 | 3 20 | 52 | Taffaman............. | 7 24 | 5 49 | | |
| 7 15 | 5 40 | 3 95 | 64 | Tabia, Embranch de Ras-el-Mâ............ arrivée. / départ. | 7 41 / 7 42 | 6 09 / 6 11 | soir 5 12 | matin 7 09 |
| 7 75 | 5 80 | 4 25 | 69 | Boukanéfis............ | 7 50 | 6 22 | 5 21 | 7 20 |
| 8 40 | 6 30 | 4 60 | 75 | Sidi-Khaled-Palissy ... | 8 01 | 6 36 | 5 36 | 7 35 |
| 9 05 | 6 80 | 5 » | 81 | Sidi-Lhassen........... | 8 11 | 6 47 | 5 49 | 7 48 |
| | | | | arrivée. | 8 20 | 6 57 | 6 00 | 8 00 |
| | | | | | | | soir 6 | matin 4 |
| 9 85 | 7 40 | 5 40 | 88 | SIDI-BEL-ABBÈS | | | soir | matin |
| | | | | départ. | 8 30 | 7 22 | 4 10 | 11 35 |
| 11 » | 8 25 | 6 05 | 98 | Sidi-Brahim-Prudon.... | 8 49 | 7 42 | 4 28 | 11 57 |
| 11 55 | 8 65 | 6 35 | 103 | Les Trembles.......... | 9 00 | 7 53 | 4 39 | 12 11 |
| 12 45 | 9 30 | 6 85 | 111 | Oued-Imbert.......... | 9 16 | 8 15 | 5 01 | 12 46 |
| 13 90 | 10 40 | 7 65 | 124 | Lauriers-Roses........ | 9 42 | 8 49 | 5 34 | 1 28 |
| 15 » | 11 25 | 8 25 | 133 | Saint-Lucien.......... | 9 59 | 9 07 | 5 52 | 1 45 |
| 15 55 | 11 70 | 8 55 | 139 | Ste-BARBE-DU-TLÉLAT..arr. | 10 10 | 9 18 | 6 03 | 1 56 |
| | | | | | matin 11 | soir 17 | soir 1 | soir 13 |
| » | » | » | » | Oran-Karguentah. arr. | 11 18 | 10 08 | 6 52 | 3 00 |
| | | | | | matin 2 | soir | soir 14 | soir |
| » | » | » | » | St-Denis-du-Sig...arr. | 11 03 | 9 59 | 7 05 | |
| » | » | » | » | Perrégaux..........arr. | 11 39 | | 7 53 | |
| » | » | » | » | Relizane...........arr. | 12 52 | | 9 50 | |
| » | » | » | » | ALGER..........arrivée. | matin 9 35 soir | | » soir | |

## BILLETS COLLECTIFS D'EXCURSION D'ALLER ET DE RETOUR

Il est délivré par les gares d'Alger et de l'Agha aux excursionnistes formant un groupe de trois personnes au minimum, des billets d'aller et de retour collectifs de 1re, 2e et 3e classe, à prix réduits, à destination de Sidi-Madani, de Camp-des-Chênes et de Médéa.

La durée de validité des billets, y compris le jour du départ est de cinq jours.

Les voyageurs ont la faculté de s'arrêter :

1o Ceux porteurs de billets à destination de Sidi-Madani : à Boufarik et à Blida ;

2o Ceux porteurs de billets à destination du Camp-des-Chênes : à Boufarik, à Blida et à Sidi-Madani ;

3o Ceux porteurs de billets à destination de Médéa : à Boufarik, Blida, Sidi-Madani et au Camp-des-Chênes.

# LIGNE DE TABIA A RAS-EL-MA-CRAMPEL

## TRAINS S'ÉLOIGNANT DE TABIA

| 1 cl. | 2 cl. | 3 cl. | Dist. kilom. | STATIONS | | Train 11 | Train 13 |
|---|---|---|---|---|---|---|---|
| | | | | | | mat. | soir. |
| » | » | » | » | ORAN...............départ. | | 6 15 | 12 30 |
| » | » | » | » | Tlélat........... | | 7 27 | 1 46 |
| » | » | » | 52 | Bel-Abbès........ | | 9 14 | 4 05 |
| » | » | » | 75 | TABIA........ | arr. | 9 57 | 6 10 |
| | | | | | dép. | 10 35 | 6 12 |
| 9 30 | 6 95 | 5 10 | 83 | Chanzy....... | arr. | 10 52 | 6 29 |
| | | | | | dép. | 10 56 | 6 34 |
| 11 20 | 8 40 | 6 15 | 100 | Si-Slissen...... | | 11 34 | 7 11 |
| 12 90 | 9 65 | 7 10 | 115 | Magenta...... | | 12 12 | 7 48 |
| 13 65 | 10 25 | 7 50 | 122 | Les Pins....... | | 12 27 | 8 06 |
| 14 45 | 10 85 | 7 95 | 129 | Titen-Yaya...... | | 12 43 | 8 25 |
| 16 00 | 12 00 | 8 80 | 143 | Bedeau...... | | 1 31 | 8 55 |
| 17 00 | 12 75 | 9 35 | 153 | RAS-EL-MA.........arrivée. | | 1 38 | » |
| | | | | | | soir. | soir. |

## TRAINS S'ÉLOIGNANT DE RAS-EL-MA

| 1 cl. | 2 cl. | 3 cl. | Dist. kilom. | STATIONS | | Train 14 | Train 12 |
|---|---|---|---|---|---|---|---|
| | | | | | | soir. | mat. |
| » | » | » | » | RAS-EL-MA...........départ. | | 2 40 | » |
| 1 00 | 0 75 | 0 55 | 9 | Bedeau........ | | 3 03 | 4 50 |
| 2 60 | 1 95 | 1 40 | 23 | Titen-Yaya....... | | 3 28 | 5 17 |
| 3 45 | 2 60 | 1 90 | 31 | Les Pins........ | | 3 42 | 5 32 |
| 4 25 | 3 20 | 2 35 | 38 | Magenta...... | | 4 01 | 5 51 |
| 5 95 | 4 45 | 3 25 | 53 | Si-Slissen....... | | 4 28 | 6 20 |
| 7 85 | 5 90 | 4 30 | 70 | Chanzy........ | arr. | 4 55 | 6 50 |
| | | | | | dép. | 4 58 | 6 52 |
| 8 60 | 6 45 | 4 75 | 77 | TABIA........ | arr. | 5 11 | 7 08 |
| | | | | | dép. | 5 12 | 7 09 |
| » | » | » | 101 | Bel-Abbès....... | | 6 00 | 8 00 |
| » | » | » | 152 | Tlélat......... | | 9 48 | 10 10 |
| » | » | » | » | ORAN...........arrivée. | | 10 08 | 11 18 |
| | | | | | | soir. | mat. |

Toutes les gares de l'Ouest-Alg. délivrent des billets directs sur toutes les gares et arrêts de la ligne d'Alger à Oran et enregistrent les bagages pour la destination définitive portée sur le billet. — Les trains 12 et 13 n'ont lieu que le jeudi de chaque semaine, jour du marché de Sidi-bel-Abbès.

Le Mercredi et le Jeudi de chaque semaine, il est délivré des billets d'aller et retour de Ras-el-Ma, Bedeau, Titen-Yaya, Les Pins, Magenta, Slissen, Taffaman, Aïn-Tellout, Lamoricière, Oued-Chouly, Aïn-Fezza pour Sidi-bel-Abbès sans réciprocité. Les coupons de retour sont valables jusqu'au premier train régulier du vendredi, inclus.

Le Dimanche et le Lundi de chaque semaine il est délivré des billets d'aller et retour de Aïn-Fezza, Oued-Chouly, Aïn-Tellout, Taffaman, Tabia, Boukanélis, Sidi-Khaled, Sidi-Lhassen, Sidi-Bel-Abbès pour Lamoricière sans réciprocité. Les coupons de retour sont valables jusqu'au premier train régulier du mardi inclus.

Le Jeudi et le Vendredi de chaque semaine, il est délivré des billets d'aller et retour de Sidi-bel-Abbès, Sidi-Lhassen, Sidi-Khaled, Boukanélis, Tabia, Chanzy, Slissen, Magenta, Les Pins, Titen-Yaya, Raz-el-Ma pour Bedeau sans réciprocité. Les coupons de retour sont valables jusqu'au premier train régulier du samedi inclus.

## Oran-Karguentah à Aïn-Temouchent

| Prix des Places | | | Distances kilomét. | GARES | Voyageurs mixtes | |
|---|---|---|---|---|---|---|
| 1re cl. | 2e cl. | 3e cl. | | | train 302 | train 304 |
| | | | | | m. | soir |
| » | » | » | » | Oran-Karguentah.... départ | 6 34 | 5 34 |
| 0 65 | 0 50 | 0 35 | 6 | La Sénia................... | 6 46 | 5 47 |
| 2 25 | 1 70 | 1 25 | 20 | Misserghin................. | 7 08 | 6 09 |
| 3 45 | 2 60 | 1 90 | 31 | Brédéah.................... | 7 30 | 6 32 |
| 4 05 | 3 » | 2 20 | 36 | Bou-Tlélis................. | 7 42 | 6 42 |
| 5 25 | 3 95 | 2 90 | 47 | Lourmel.................... | 8 01 | 7 04 |
| 6 25 | 4 70 | 3 45 | 56 | Er-Rahel................... | 8 17 | 7 23 |
| 7 15 | 5 40 | 3 95 | 64 | Rio-Salado................. | 8 33 | 7 40 |
| 7 85 | 5 90 | 4 30 | 70 | Chabat-el-Leham............ | 8 47 | 7 56 |
| 8 50 | 6 40 | 4 70 | 76 | Aïn-Temouchent...... arrivée | 9 00 | 8 09 |
| | | | | | matin | soir |

## Aïn-Temouchent à Oran-Karguentah

| Prix des Places | | | Distances kilomét. | GARES | Voyageurs mixtes | |
|---|---|---|---|---|---|---|
| 1re cl. | 2e cl. | 3e cl. | | | train 301 | train 303 |
| | | | | | matin | soir |
| » | » | » | » | Aïn-Temouchent...... départ. | 6 13 | 3 00 |
| 0 80 | 0 60 | 0 45 | 7 | Chabat-el-Leham............ | 6 26 | 3 13 |
| 1 45 | 1 10 | 0 80 | 13 | Rio-Salado................. | 6 42 | 3 27 |
| 2 35 | 1 75 | 1 30 | 21 | Er-Rahel................... | 7 02 | 3 47 |
| 3 25 | 2 45 | 1 80 | 29 | Lourmel.................... | 7 20 | 4 02 |
| 4 60 | 3 45 | 2 55 | 41 | Bou-Tlélis................. | 7 40 | 4 21 |
| 5 05 | 3 80 | 2 75 | 45 | Brédéah.................... | 7 53 | 4 34 |
| 6 40 | 4 80 | 3 50 | 57 | Misserghin................. | 8 12 | 4 56 |
| 7 85 | 5 90 | 4 30 | 70 | La Sénia................... | 8 36 | 5 20 |
| 8 50 | 6 40 | 4 70 | 76 | Oran-Karguentah.... arrivée | 8 47 | 5 31 |
| | | | | | matin | soir. |

Le train 301 correspond avec le train 2 du P.-L.-M. partant de Karguentah à 9 h. 45 du matin et arrivant à Alger à 9 h. 35 du soir.

Le train 303 correspond avec le train 14 P.-L.-M., partant de Karguentah à 5 heures 09 du soir et arrivant à Relizane à 9 h. 50 du soir.

Toutes les gares de la ligne de la Sénia à Aïn-Temouchent délivrent des billets directs sur toutes les gares et arrêts de la ligne d'Alger à Oran et enregistrent les bagages pour la destination définitive portée sur le billet.

## OBSERVATIONS GÉNÉRALES

Voyageurs.— Il n'est plus délivré de billets cinq minutes avant l'heure fixée pour le départ. Les billets devront être représentés à toute réquisition des agents de la Compagnie. Les voyageurs qui ne pourront pas représen er leur billet devront payer le prix de leur place calculé sur la distance la plus éloignée.

Enfants.— Au-dessous de trois ans, les enfants ne paient rien, à la condition d'être portés sur les genoux des personnes qui les accompagnent. De trois à sept ans, ils paient demi-place; au-dessus de sept ans, les enfants paient place entière.

Bagages. — Le bureau d'enregistrement des bagages est fermé, dans toutes les gares, deux minutes, au plus tôt, après l'heure fixée pour la cessation de la délivrance des billets aux voyageurs ayant bagages.

# LIGNE DE MOSTAGANEM A TIARET

## DÉSIGNATION DES TRAINS S'ÉLOIGNANT DE MOSTAGANEM

| PRIX des PLACES | | Dist. kilom. | NOMS DES GARES | Train 37 M. V. | Train 33 M. V. (2) | Train 35 M. V. (3) |
|---|---|---|---|---|---|---|
| 1ʳᵉ cl. | 2ᵉ cl. | | | | | |
| | | | | | mat. | soir. |
| » | » | » | MOSTAGANEM............départ. | 6 00 | 8 40 | 5 00 |
| 0 50 | 0 35 | 6 | Pélissier (a)............ | 6 09 | 8 49 | 5 09 |
| 1 75 | 1 30 | 21 | Ain-Tédelès............ | 6 45 | 9 2 | 5 4 |
| 2 70 | 1 95 | 32 | Oued-el-Kheir............ | Train | 9 51 | 6 13 |
| 3 95 | 2 90 | 47 | Mekalia............ | 31 | 10 28 | 6 50 |
| 4 60 | 3 40 | 55 | Sidi-Kheltab (a)............ | M. V. | 10 4 | 7 08 |
| 5 40 | 3 95 | 64 | Bel-Hacel............ | | 11 05 | 7 27 |
| 6 40 | 4 70 | 76 | RELIZANE ............ arr. | mat. | 11 30 | 7 52 |
| | | | RELIZANE ............ dép. | 5 20 | 1 05 | soir. |
| 7 15 | 5 25 | 85 | Oued-Kelloug (a)............ | 5 40 | 1 25 | » |
| 8 00 | 5 85 | 95 | Sidi-Mohamed-ben-Aouda............ | 6 04 | 1 49 | » |
| 10 00 | 7 35 | 119 | Fortassa............ | 6 53 | 2 38 | » |
| 11 25 | 8 25 | 134 | Djillali-ben-Amar............ | 7 28 | 3 12 | » |
| 13 70 | 10 05 | 163 | Mchéra-Sfa............ | 8 37 | 4 20 | » |
| 14 55 | 10 65 | 173 | Ain-Sarb............ | 9 03 | 4 46 | » |
| 14 85 | 10 90 | 177 | Séfalou (a)............ | 9 17 | 4 58 | » |
| 15 70 | 11 50 | 187 | Tagdempt............ | 9 40 | 5 21 | » |
| 16 55 | 12 15 | 197 | TIARET............ arrivée. | 10 06 | 5 45 | » |
| | | | | mat. | soir. | |

## DÉSIGNATION DES TRAINS S'ÉLOIGNANT DE TIARET

| PRIX des PLACES | | Dist. kilom. | NOMS DES GARES | Train 32 M. V. (1) | Train 34 M. V. (2) | Train 36 M. V. (3) |
|---|---|---|---|---|---|---|
| 1ʳᵉ cl. | 2ᵉ cl. | | | | | |
| | | | | mat. | mat. | soir. |
| » | » | » | TIARET............départ. | » | 7 05 | 2 50 |
| 0 90 | 0 70 | | Tagdempt............ | » | 7 30 | 3 15 |
| 1 70 | 1 25 | | Séfalou (a)............ | » | 7 54 | 3 39 |
| 2 00 | 1 50 | | Ain-Sarb............ | » | 8 06 | 3 51 |
| 2 95 | 2 15 | | Mechéra-Sfa............ | » | 8 36 | 4 22 |
| 5 40 | 3 95 | | Djillali-ben-Amar............ | » | 9 42 | 5 26 |
| 6 55 | 4 80 | | Fortassa............ | » | 10 15 | 6 00 |
| 8 55 | 6 30 | | Sidi-Mohamed-ben-Aouda............ | » | 11 06 | 6 50 |
| 9 40 | 6 90 | | Oued-Kelloug (a)............ | » | 11 29 | 7 13 |
| 10 25 | 7 50 | | RELIZANE ............ arr. | mat. | 11 48 | 7 33 |
| | | | RELIZANE ............ dép. | 5 30 | 3 40 | soir. |
| 11 25 | 8 25 | | Bel-Hacel............ | 5 56 | 4 06 | » |
| 11 95 | 8 75 | | Sidi-Kheltab (a)............ | 6 14 | 4 24 | Tr. 38 |
| 12 60 | 9 25 | | Mekalia............ | 6 33 | 4 43 | |
| 13 85 | 10 15 | | Oued-el-Kheir............ | 7 10 | 5 19 | soir. |
| 14 80 | 10 85 | | Ain-Tédelès............ | 7 38 | 5 46 | 1 00 |
| 16 30 | 11 95 | | Pélissier (a)............ | 8 15 | 6 23 | 1 37 |
| 16 55 | 12 15 | | MOSTAGANEM............ arrivée. | 8 23 | 6 30 | 1 45 |
| | | | | mat. | soir. | soir. |

(a) Arrêt ouvert au service des voyageurs sans bagages.

Les trains 37 et 38 n'ont lieu que le Lundi, jour de marché à Ain-Tédelès.

(1) Le train 31 prend à Relizane les voyageurs venus de la direction d'Alger par le train n° 101 P.L.M. arrivant à Relizane à 5 h. 01 du matin.

(2) Le train n° 33 correspond à Relizane avec le train n° 2 P.-L.-M. partant de Relizane pour Alger à 12 h. 58 du soir.

Les trains 31, 35, 32 et 36 correspondent avec les trains de nuit 101 et 102 P.-L.-M.

## Ligne d'Arzew à Saïda. — Tizi à Mascara

*(Colonne verticale : 15 juin-15 sep.)*

| BILLETS 1re c. | 2e cl. | DIST. | STATIONS ET ARRÊTS | Dim. et fêtes | 55-5 | 7 |
|---|---|---|---|---|---|---|
| | | | | soir | mat. | |
| D'Arzew | | | Arzew ............................ départ. | 5 10 | 9 15 | |
| 0.85 | 0.55 | 7 | Saint-Leu (a) ..................... | » | 9 32 | |
| 2.05 | 1.35 | 17 | Port-aux-Poules (a) ............... | 5 50 | 9 53 | |
| 2.50 | 1.70 | 21 | La Macta ......................... | 6 5 | 10 5 | |
| 4.55 | 3.05 | 38 | Debrousseville ................... | 6 42 | 10 44 | |
| 5.05 | 3.35 | 42 | Ferme-Blanche (a) ................ | 6 52 | 10 54 | |
| | | | arriv. | 7 12 | 11 15 | |
| 6.10 | 4.10 | 51 | PERRÉGAUX ............. | 51-1 | | |
| | | | | mat. | | soir. |
| | | | départ... | 6 20 | 12 10 | 8 20 |
| 7.30 | 4.90 | 61 | Oued-Fergoug (a) ................. | 6 45 | 12 32 | 8 42 |
| 7.45 | 4.95 | 62 | Barrage .......................... | 6 52 | 12 38 | » |
| 8.50 | 5.70 | 71 | Dublineau ........................ | 7 17 | 12 59 | 9 7 |
| 9.60 | 6.40 | 80 | La Guethna (a) ................... | 7 40 | 1 20 | 9 28 |
| 10.55 | 7.05 | 88 | Bou-Hanifia ...................... | 8 3 | 1 39 | 9 47 |
| 12 » | 8 » | 100 | Tizi, bifurcation MASCARA. arrivée. | 8 41 | 2 9 | 10 16 |
| | | | départ. | 9 6 | 2 31 | 10 21 |
| De Tizi | | | | | | |
| 0.70 | 0.50 | 4 | Sidi-Maâmar ...................... | 9 17 | 2 42 | 10 32 |
| 1.45 | 0.95 | 12 | MASCARA ........................... | 9 35 | 3 » | 10 50 |
| D'Arzew | | | Tizi ............................ départ. | 8 50 | 2 19 | soir |
| 12.85 | 8.55 | 107 | Froha (a) ........................ | 9 5 | 2 35 | |
| 13.55 | 9.05 | 113 | Thiersville ...................... | 9 18 | 2 48 | |
| 15.25 | 10.15 | 127 | Taria ............................ | 9 45 | 3 15 | |
| 16.80 | 11.20 | 140 | Charrier ......................... | 10 18 | 3 48 | |
| 17.40 | 11.60 | 145 | Franchetti ....................... | 10 31 | 4 4 | |
| 18.95 | 12.65 | 158 | Les Eaux-Chaudes (a) ............. | 10 58 | 4 32 | 53-3 |
| 19.90 | 13.30 | 166 | Nazereg .......................... | 11 17 | 4 52 | |
| | | | | | | mat. |
| 20.50 | 13.70 | 171 | SAÏDA. arrivée. | 11 30 | 5 5 | |
| | | | départ. | mat. | soir | 7 20 |
| 21.85 | 14.55 | 182 | AÏN-EL-HADJAR. arrivée. | | | 7 50 |
| | | | départ. | | | 7 53 |
| 22.90 | 15.30 | 191 | Bou-Rached (a) ................... | | | 8 16 |
| 24.70 | 16.50 | 206 | Tafaroua (a) ..................... | | | 8 52 |
| 25.80 | 17.20 | 215 | KRALFALLAH. arrivée. | | | 9 13 |
| | | | départ. | | | 9 18 |
| 28.55 | 19.05 | 238 | MODZBAH, bifurcation de Mahroun. | | | 10 15 |
| 32.50 | 21.70 | 271 | EL-KREIDER. arrivée. | | | 11 26 |
| | | | départ. | | | 11 31 |
| 34.20 | 22.80 | 285 | Bou-Ktoub ........................ | | | 12 4 |
| 38.75 | 25.85 | 323 | EL-BIOD .......................... | | | 1 23 |
| 42.25 | 28.15 | 352 | MÉCHÉRIA. arrivée. | | | 2 23 |
| | | | départ. | | | 2 28 |
| 46.20 | 30.80 | 385 | Naama ............................ | | | 3 36 |
| 50.40 | 33.60 | 420 | Mékalis .......................... | | | 4 47 |
| 54.50 | 36.30 | 454 | AÏN-SEFRA ....................... arrivée. | | | 6 » |
| | | | | | | soir |

(a) Arrêts ouverts au service des voyageurs sans bagages.

Le train n° 51 correspond à Perrégaux avec le train n° 2 P.-L.-M., partant de Perrégaux pour Alger à 11 h. 44 du matin, et avec le train n° 15, P.-L.-M., partant de Perré-gaux pour Oran à 11 h. 40 du matin.

Un service d'omnibus est organisé à Perrégaux, pour le transport des voyageurs et des bagages de la gare F.-A. à la gare P.-L.-M. et vice-versa, partant de Perrégaux pour Oran à 7 heures 11 du matin.

# Ligne de Saïda à Arzew. — Mascara à Tizi

| BILLETS 1re c. | 2e cl. | DIST. | STATIONS ET ARRÊTS | 4-56 1·2 c. | 52 1·2 c. | 2-54 1·2 c. |
|---|---|---|---|---|---|---|
|  |  |  |  | mat. | » | » |
| » | » | · | AÏN-SEFRA ............ départ | 6 » | » | » |
| 4.20 | 2.80 | 35 | Mékalis ............ | 7.15 | » | » |
| 8.40 | 5.60 | 70 | Naâma ............ | 8.24 | » | » |
| 12.35 | 8.25 | 103 | MÉCHÉRIA ........ arrivée | 9.28 | » | » |
|  |  |  | MÉCHÉRIA ........ départ | 9.33 | » | » |
| 15.70 | 10.50 | 131 | EL-BIOD ............ | 10.36 | » | » |
| 20.40 | 13.60 | 170 | Bou-Ktoub ............ | 12.02 | » | » |
| 21.95 | 14.65 | 183 | EL-KREIDER ........ arrivée | 12.29 | » | » |
|  |  |  | EL-KREIDER ........ départ | 12.35 | » | » |
| 26.05 | 17.35 | 217 | Modzbah, bifurcation de Mahroun | 1.49 | » | » |
| 28.80 | 19.20 | 240 | KRALFALLAH ........ arrivée | 2.41 | » | » |
|  |  |  | KRALFALLAH ........ départ | 2.47 | » | » |
| 29.90 | 19.90 | 249 | Tafaroua (a) ............ | 3.08 | » | » |
| 31.70 | 21.10 | 264 | Bou-Rached (a) ............ | 3.44 | » | » |
| 32.65 | 21.75 | 272 | AÏN-EL-HADJAR ........ arrivée | 4.06 | » | » |
|  |  |  | AÏN-EL-HADJAR ........ départ | 4.10 | » | » |
| 34.10 | 22.70 | 284 | SAÏDA ............ arrivée | 4.40 | mat. | mat. |
|  |  |  | SAÏDA ............ départ | soir. | 6 » | 11 35 |
| 34.70 | 23.10 | 289 | Nazereg ............ |  | 6.13 | 11.48 |
| 35.65 | 23.75 | 297 | Les Eaux-Chaudes (a) ........ | 6 | 6.33 | 12 07 |
| 37.20 | 24.80 | 310 | Franchetti ............ | 2-3 c. | 7.02 | 12.36 |
| 37.70 | 25.10 | 314 | Charrier ............ |  | 7.14 | 12.47 |
| 39.35 | 26.25 | 328 | Taria ............ | lundi | 7.48 | 1.21 |
| 41.05 | 27.35 | 342 | Thiersville ............ | mer. | 8.19 | 1.48 |
| 41.75 | 27.85 | 348 | Froha (a) ............ | ven. | 8.32 | 2.00 |
| » | » | » | Tizi ............ arrivée | mat. | 8.49 | 2.15 |
| » | » | » | MASCARA ........ départ | 3.30 | 8.05 | 1.30 |
| » | » | » | Sidi-Maamar ............ | 3.49 | 8.21 | 1.49 |
| 42.50 | 28.30 | 354 | TIZI, bifurc. MASCARA ... arrivée | 3.58 | 8.33 | 1.58 |
|  |  |  | TIZI, bifurc. MASCARA ... départ | 4 » | 8.57 | 2.25 |
| 44.05 | 29.35 | 367 | Bou-Hanifia ............ | 4.30 | 9.32 | 2.57 |
| 45 » | 30 » | 375 | La Guethna (a) ............ | 4.47 | 9.50 | 3.11 |
| 46.10 | 30.70 | 384 | Dublineau ............ | 5.07 | 10.12 | 3.34 |
| 47.15 | 31.45 | 393 | Barrage ............ | » | 10.33 | 3.55 |
| » | » | » | Oued-Fergoug ............ | 5.30 | 10.38 | 4 » |
| 48.50 | 32.30 | 404 | PERRÉGAUX ........ arrivée | 5.50 | 11 » | 4 22 |
|  |  |  | PERRÉGAUX ........ départ | 6.30 | mat. | 5 » |
| 49.55 | 33.05 | 413 | Ferme-Blanche (a) ............ | 7.51 | Du 15 Juin au 15 Sep. Dimanches et Fêtes | 5 19 |
| 50.05 | 33.35 | 417 | Debrousseville ............ | 7.01 |  | 5 29 |
| 52.10 | 34.70 | 434 | La Macla ............ | 7.38 |  | 6 04 |
| 52.55 | 35.05 | 438 | Port-aux-Poules (a) ............ | 7.54 |  | 6 15 |
| 53.65 | 35.75 | 447 | Saint-Leu (a) ............ | » |  | 6 36 |
| 54.50 | 36.30 | 454 | ARZEW ............ arrivée | 8.30 |  | 6 55 |
|  |  |  |  | mat. |  | soir. |

Le train n° 2-54 correspond à Perrégaux avec le train n° 1, P.-L.-M., partant de Perrégaux pour Oran, à 4 h. 50 du soir.

Le train n° 4-56 correspond à Perrégaux avec le train n° 11 P.-L.-M., partant de Perrégaux pour Oran, à 8 h. 01 du matin.

# — 122 —



## CHEMINS DE FER DE BONE A GUELMA
### et Prolongements

## LIGNE DE BONE A TUNIS

**PRIX DES PLACES** — 1er cl., 2e cl., 3e cl. — **Dist. Kil.** — **GARES ET HALTES** — **DÉSIGNATION DES TRAINS S'ÉLOIGNANT DE BONE** : trains **1** (direct), **3** (m. v.), **41** (direct), **43** (m. v.), **151** (mixte).

| 1er cl. | 2e cl. | 3e cl. | Dist. Kil. | GARES ET HALTES | 1 direct | 3 m. v. | 41 direct | 43 m. v. | 151 mixte |
|---|---|---|---|---|---|---|---|---|---|
| | | | | | mat. | mat. | soir | soir | mat. |
| » | » | » | » | BONE ............ départ. | 11 35 | 5 45 | 3 05 | 4 40 | 9 15 |
| 0 65 | 0 50 | 0 35 | 6 | Allélick, arrêt (1) .......... | » » | 5 57 | 3 13 | 4 53 | 9 26 |
| 1 25 | 0 95 | 0 65 | 11 | Duzerville .......... | 11 52 | 6 09 | 3 22 | 5 05 | 9 40 |
| 1 80 | 1 35 | 0 95 | 16 | Saint-Paul, Bifurcation ... | 12 02 | 6 23 | 3 33 | 5 18 | 9 51 |
| 2 15 | 1 60 | 1 15 | 19 | Oued-Sba, halte (1) ..... | » » | 6 32 | 3 40 | 5 27 | |
| 2 70 | 2 05 | 1 45 | 24 | Mondovi .......... | 12 15 | 6 46 | 3 50 | 5 52 | |
| 3 35 | 2 55 | 1 80 | 30 | Barral .......... | 12 26 | 7 03 | 4 02 | 6 11 | |
| 4 60 | 3 50 | 2 45 | 41 | Saint-Joseph .......... | 12 45 | 7 31 | 4 21 | 6 42 | |
| 5 40 | 4 10 | 2 90 | 48 | Oued-Frarah, halte (1) .... | » » | 7 47 | 4 33 | 6 59 | |
| 6 15 | 4 70 | 3 30 | 55 | DUVIVIER, buffet, bifurc. Kroubs — arr. | 1 06 | 8 04 | 4 45 | 7 17 | |
| | | | | *(désignations)* | | 9 m. | mixte | mixte | 47 |
| | | | | | | mat. | soir | soir | m. v. |
| | | | | DUVIVIER — dép. | 1 14 | 8 30 | 5 00 | 7 42 | |
| 7 30 | 5 55 | 3 90 | 65 | Medjez-Sfa .......... | 1 31 | 8 56 | 5 24 | 8 06 | |
| 8 30 | 6 30 | 4 45 | 74 | Aïn-Tahamimime ..... | 1 49 | 9 23 | 5 50 | 8 32 | |
| 8 85 | 6 70 | 4 75 | 79 | Aïn-Affra .......... | 2 04 | 9 43 | 6 11 | 8 53 | |
| 10 20 | 7 75 | 5 45 | 91 | Laverdure .......... | 2 28 | 10 22 | 6 48 | 9 30 | |
| 10 85 | 8 25 | 5 80 | 97 | Aïn-Sennour .......... | 2 41 | 10 39 | 7 04 | 9 46 | |
| 12 » | 9 10 | 6 40 | 107 | SOUK-AHRAS, buffet — arr. | 2 58 | 11 02 | 7 27 | 10 09 | |
| | | | | ligne de Tébessa — dép. | 3 04 | mat. | soir | soir | 5 30 |
| 13 » | 9 85 | 6 95 | 116 | Tarja .......... | 3 21 | | | | 5 55 |
| 13 90 | 10 55 | 7 45 | 124 | Sidi-Bader .......... | 3 36 | | | | 6 17 |
| 15 70 | 11 90 | 8 40 | 140 | Oued-Mougras .......... | 4 03 | | | | 6 57 |
| 17 45 | 13 25 | 9 35 | 156 | Sidi-el-Hemessi .......... | 4 28 | | | | 7 35 |
| 18 60 | 14 10 | 9 95 | 166 | GHRARDIMAOU, buffet — arr. | 4 44 | | | | 7 57 |
| | | | | GHRARDIMAOU — dép. | 5 04 | | | | 8 20 |
| 19 70 | 14 95 | 10 55 | 176 | Oued-Meliz-Schemtou ..... | 5 21 | 13 m. | | | 8 52 |
| 20 95 | 15 90 | 11 20 | 187 | Sidi-Meskine .......... | 5 38 | mat. | | | 9 22 |
| 22 30 | 16 90 | 11 95 | 199 | SOUK-EL-ARBA, buff. — arr. | 5 56 | | | | 9 54 |
| | | | | SOUK-EL-ARBA — dép. | 6 21 | 5 30 | | | mat. |
| 23 50 | 17 85 | 12 60 | 210 | Ben-Bachir .......... | 6 38 | 5 52 | | | |
| 24 85 | 18 85 | 13 30 | 222 | Souk-el-Khemis .......... | 6 56 | 6 20 | | | |
| 26 30 | 20 » | 14 10 | 235 | Sidi-Zehili .......... | 7 18 | 6 48 | 27 m. | | |
| 27 80 | 21 10 | 14 90 | 248 | Pont-Trajan, embranch. de Béja-Ville | 7 44 | 7 23 | mat. | | |
| 30 15 | 22 85 | 16 15 | 269 | Oued-Zargua .......... | 8 18 | 8 12 | | | |
| 32 35 | 24 55 | 17 35 | 289 | Medjez-el-Bab .......... | 8 56 | 9 11 | 5 25 | | |
| 33 40 | 25 35 | 17 90 | 298 | El-Heri, halte (2) .......... | » » | 9 28 | 5 42 | 25 m. | 29 m. |
| 34 05 | 25 85 | 18 25 | 304 | Bordj-Toum .......... | 9 19 | 9 41 | 5 55 | mat. | soir |
| 35 95 | 27 30 | 19 25 | 321 | Tebourba .......... | 9 46 | 10 22 | 6 38 | | |
| 36 95 | 28 05 | 19 80 | 330 | Djedeïda, Bifurc. Bizerte.. | 10 01 | 10 43 | 7 04 | 8 02 | 5 57 |
| 38 65 | 29 35 | 20 70 | 345 | Manouba .......... | 10 24 | 11 14 | 7 37 | 8 34 | 6 28 |
| 39 75 | 30 20 | 21 30 | 349 | Bardo, Kassar-Saïd, arrêt (3). | » » | 11 20 | 7 44 | 8 41 | 6 35 |
| 39 75 | 30 20 | 21 30 | 355 | TUNIS-Ville, buffet. arr. | 10 40 | 11 31 | 7 54 | 8 51 | 6 45 |
| | | | | | soir | mat. | soir | mat. | soir |

*Le train 47 n'a lieu que les lundi, mercredi et vendredi.*

*(1) Le train 1 ne s'arrête pas à l'Allélick, Oued-Sba et Oued-Frarah.*

NOTA. — (1) Les trains 3, 41, 43, 151 et 153 et les trains 4, 42, 44, 152 et 154 ne s'arrêtent à l'Allélick que s'il y a des voyageurs à prendre ou à laisser.

(2) Les trains 1 et 2 ne s'arrêtent pas à El-Heri. — Les trains 13 et 27 et 14 et 28 ne s'y arrêtent que s'il y a des voyageurs à prendre ou à laisser.

(3) Le train 1 ne s'arrête pas au Bardo. — Les trains 13, 27, 25 et 29 et 2, 14, 26, 28 et 30 ne s'y arrêtent que s'il y a des voyageurs à prendre ou à laisser.

Les trains 151, 152, 153 et 154 ne s'arrêtent à l'Allélick que s'il y a des voyageurs à prendre ou à laisser.

# LIGNE DE TUNIS A BONE

| 1 cl. | 2 cl. | 3 cl. | Dist. kil. | GARES ET HALTES | 2 direct | 14 mixte | 26 mixte | 28 mixte | 30 mixte |
|---|---|---|---|---|---|---|---|---|---|
| | | | | | mat. | soir | mat. | soir | soir |
| » | » | » | » | TUNIS-Ville, buffet. dép. | 7 20 | 5 05 | 6 20 | 1 00 | 4 10 |
| 1 10 | 0 85 | 0 60 | 6 | Bardo, Kassar-Saïd, arrêt (3) | 7 30 | 5 16 | 6 31 | 1 11 | 4 21 |
| 1 10 | 0 85 | 0 60 | 10 | Manouba | 7 36 | 5 25 | 6 38 | 1 21 | 4 30 |
| 2 80 | 2 15 | 1 50 | 25 | Djedeïda, Bifurc. Bizerte | 8 00 | 5 58 | 7 03 | 1 55 | 4 56 |
| 3 80 | 2 90 | 2 05 | 34 | Tebourba | 8 17 | 6 18 | mat. | 2 16 | soir |
| 5 70 | 4 35 | 3 05 | 51 | Bordj-Toum | 8 44 | 6 54 | | 2 52 | |
| 6 40 | 4 85 | 3 40 | 57 | El-Heri, halte (2) | » » | 7 01 | | 3 02 | |
| 7 40 | 5 60 | 3 95 | 66 | Medjez-el-Bab | 9 09 | 7 28 | | 3 19 | |
| 9 65 | 7 30 | 5 15 | 86 | Oued-Zargua | 9 45 | 8 22 | | soir | |
| 12 » | 9 10 | 6 40 | 107 | Pont-Trajan, embranch. de Béja-Ville | 10 23 | 9 12 | | | |
| 13 45 | 10 20 | 7 20 | 120 | Sidi Zéhili | 10 45 | 9 39 | | | |
| 15 » | 11 40 | 8 05 | 134 | Souk-el-Khemis | 11 07 | 10 12 | | | 48 m.v. |
| 16 25 | 12 35 | 8 70 | 145 | Ben-Bachir | 11 25 | 10 37 | | | soir |
| 17 45 | 13 25 | 9 35 | 156 | SOUK-EL-ARBA, buff. arr. | 11 41 | 10 57 | | | |
| | | | | SOUK-EL-ARBA, buff. dép. | 12 06 | soir | | | 2 50 |
| 18 80 | 14 30 | 10 10 | 168 | Sidi-Meskine | 12 25 | | | | 3 25 |
| 20 05 | 15 20 | 10 75 | 179 | Oued-Méliz-Schemtou | 12 42 | | | | 3 57 |
| 21 30 | 16 15 | 11 40 | 190 | GHRARDIMAOU, buffet. arr. | 12 58 | | | | 4 25 |
| | | | | GHRARDIMAOU, buffet. dép. | 1 18 | | | | 4 50 |
| 22 30 | 16 90 | 11 95 | 199 | Sidi-el-Hemessi | 1 35 | | | | 5 18 |
| 24 10 | 18 30 | 12 90 | 215 | Oued-Mougras | 2 02 | 42 mixte | 10 mixte | 46 mixte | 6 01 |
| 25 85 | 19 65 | 13 85 | 231 | Sidi-Bader | 2 29 | | | | 6 46 |
| 20 75 | 20 30 | 14 35 | 239 | Tarja | 2 46 | | | | 7 12 |
| 27 80 | 21 10 | 14 90 | 248 | SOUK-AHRAS, buffet. arr. | 3 03 | mat. | mat. | soir | 7 39 |
| | | | | ligne de Tébessa dép. | 3 09 | 5 45 | 10 10 | 12 35 | soir |
| 28 90 | 21 95 | 15 50 | 258 | Aïn-Sennour | 3 28 | 6 12 | 10 40 | 1 06 | |
| 29 55 | 22 45 | 15 85 | 264 | Laverdure | 3 42 | 6 31 | 11 01 | 1 27 | |
| 30 90 | 23 45 | 16 55 | 276 | Aïn-Affra | 4 04 | 7 02 | 11 33 | 2 06 | |
| 31 60 | 23 95 | 16 90 | 282 | Aïn-Tahamimine | 4 15 | 7 19 | 11 50 | 2 27 | |
| 32 50 | 24 65 | 17 40 | 290 | Medjez-Sfa | 4 31 | 7 47 | 12 18 | 2 57 | |
| | | | | Medjez-Sfa arr. | 4 47 | 8 07 | 12 38 | 3 17 | |
| 33 60 | 25 50 | 18 » | 300 | DUVIVIER, buffet, bifurcation Kroubs | m.v. | 4 m. | 44 m.v. | | |
| | | | | | mat. | soir | soir | | |
| | | | | DUVIVIER dép. | 4 55 | 8 17 | 1 13 | 7 27 | |
| 34 40 | 26 10 | 18 40 | 307 | Oued-Frarah, halte (1) | » » | 8 35 | 1 28 | 7 45 | |
| 35 15 | 26 70 | 18 85 | 314 | Saint-Joseph | 5 17 | 8 51 | 1 41 | 8 02 | 152 léger |
| 36 40 | 27 65 | 19 50 | 325 | Barral | 5 36 | 9 17 | 2 02 | 8 30 | mat. |
| 37 05 | 28 15 | 19 85 | 331 | Mondovi | 5 46 | 9 34 | 2 14 | 8 49 | |
| 37 65 | 28 55 | 20 15 | 336 | Oued-Sba, halte (1) | » » | 9 46 | 2 24 | 9 01 | |
| 37 95 | 28 80 | 20 35 | 339 | Saint-Paul, bifurcation | 5 59 | 9 56 | 2 32 | 9 10 | 5 56 |
| 38 55 | 29 25 | 20 65 | 344 | Duzerville | 6 09 | 10 13 | 2 42 | 9 25 | 6 13 |
| 39 10 | 29 65 | 20 95 | 349 | Allélick, arrêt (1) | » » | 10 25 | 2 50 | 9 36 | 6 23 |
| 39 75 | 30 20 | 21 30 | 355 | BONE arrivée | 6 25 | 10 39 | 3 00 | 9 48 | 6 34 |
| | | | | | soir | mat. | soir | soir | mat. |

(1) Le train 2 ne s'arrête pas à Oued-Frarah, Oued-Sba et à l'Allélick.

Le train 48 n'a lieu que les lundi, mercredi et vendredi.

# LIGNE DE BONE A RANDON (Tramway de Saint-Paul à Randon)

| 1 cl. | 2 cl. | 3 cl. | Dist. k. | GARES ET HALTES | 151 mixte | 153 léger | GARES ET HALTES | 152 léger | 154 mixte |
|---|---|---|---|---|---|---|---|---|---|
| | | | | | mat. | soir | | mat. | soir |
| » | » | » | » | BONE dép. | 9 15 | 6 30 | RANDON dép. | 5 10 | 2 45 |
| 0 65 | 0 50 | 0 35 | 6 | Allélick, arrêt * | 9 26 | 6 41 | Daroussa halte | 5 31 | 3 07 |
| 1 25 | 0 95 | 0 65 | 11 | Duzerville | 9 40 | 6 56 | Saint-Paul, bifurc. | 5 56 | 3 39 |
| 1 80 | 1 35 | 0 95 | 16 | Saint-Paul, bifurc. | 10 » | 7 13 | Duzerville | 6 13 | 3 55 |
| 2 45 | 1 85 | 1 30 | 22 | Daroussa, halte | 10 25 | 7 38 | Allélick, arrêt * | 6 23 | 4 05 |
| 3 » | 2 30 | 1 60 | 27 | RANDON arr. | 10 43 | 7 56 | BONE arr. | 6 34 | 4 16 |

## LIGNE DE BONE A KROUBS - CONSTANTINE

| 1ʳᵉ cl. | 2ᵉ cl. | 3ᵉ cl. | Dist. kil. | DÉSIGNATION DES TRAINS S'ÉLOIGNANT DE BONE — GARES ET HALTES | 3 m.v. | 1 direct | 41 direct |
|---|---|---|---|---|---|---|---|
| | | | | | mat. | mat. | soir. |
| » | » | » | » | BONE..............départ. | 5 45 | 11 35 | 3 05 |
| | | | | arr. | 8 01 | 1 06 | 4 45 |
| 6 15 | 4 70 | 3 30 | 55 | DUVIVIER, buffet, bifurc. Tunis.. | dir. | 17 L. | 7 dir. |
| | | | | | mat. | soir. | soir. |
| | | | | dép. | 8 14 | 1 15 | 4 56 |
| 7 60 | 5 80 | 4 10 | 68 | Nador.......... | 8 31 | 1 45 | 5 16 |
| 8 95 | 6 80 | 4 80 | 80 | Petit.......... | 8 53 | 2 12 | 5 35 |
| 9 50 | 7 25 | 5 10 | 85 | Millésimo, halte (1)....... | 9 02 | 2 25 | 5 43 |
| | | | | arr. | 9 08 | 2 34 | 5 49 |
| 9 95 | 7 55 | 5 35 | 89 | GUELMA, buffet........ | m'xte | soir. | |
| | | | | dép. | 9 16 | | 6 17 |
| 11 40 | 8 65 | 6 10 | 102 | Medjez-Amar........ | 9 44 | | 6 41 |
| 12 10 | 9 20 | 6 50 | 108 | Hammam-Meskoutine........ | 10 01 | 33 L. | 6 54 |
| 13 90 | 10 55 | 7 45 | 124 | Taya........ | 10 39 | | 7 26 |
| 15 10 | 11 50 | 8 10 | 135 | Bordj-Sabath........ | 11 07 | mat. | 7 52 |
| 16 90 | 12 85 | 9 05 | 151 | Oued-Zenati........ | 11 45 | 5 50 | 8 22 |
| 18 15 | 13 75 | 9 70 | 162 | Aïn-Regada........ | 12 11 | 6 21 | 8 46 |
| 19 80 | 15 05 | 10 60 | 177 | Aïn-Abid........ | 12 42 | 6 58 | 9 14 |
| 21 15 | 16 05 | 11 35 | 189 | Bou-Nouara........ | 1 05 | 7 23 | 9 36 |
| 22 75 | 17 25 | 12 20 | 203 | KROUBS, bifurcation E.-A..... arr. | 1 30 | 7 49 | 10 01 |
| | | | | dép. | 1 45 | 8 01 | 10 09 |
| | | | | CONSTANTINE............arrivée. | 2 18 | 8 43 | 10 40 |
| | | | | | soir. | mat. | soir. |

| 1ʳᵉ cl. | 2ᵉ cl. | 3ᵉ cl. | Dist. kil. | DÉSIGNATION DES TRAINS S'ÉLOIGNANT DU KROUBS — GARES ET HALTES | 4 direct | 6 mixte | 34 léger |
|---|---|---|---|---|---|---|---|
| | | | | | mat. | soir. | soir. |
| | | | | CONSTANTINE............départ. | 7 15 | 12 50 | 3 50 |
| » | » | » | » | KROUBS, bifurcation E.-A...... arr. | 7 48 | 1 23 | 4 28 |
| | | | | dép. | 8 10 | 1 48 | 4 36 |
| 1 70 | 1 30 | 0 90 | 15 | Bou-Nouara........ | 8 36 | 2 18 | 5 05 |
| 3 » | 2 30 | 1 60 | 27 | Aïn-Abid ........ | 8 59 | 2 49 | 5 40 |
| 4 70 | 3 55 | 2 50 | 42 | Aïn-Regada ........ | 9 27 | 3 21 | 6 13 |
| 5 95 | 4 50 | 3 20 | 53 | Oued-Zenati........ | 9 49 | 3 47 | 6 35 |
| 7 75 | 5 85 | 4 15 | 69 | Bordj-Sabath........ | 10 17 | 4 16 | soir. |
| 8 95 | 6 80 | 4 80 | 80 | Taya........ | 10 38 | 4 39 | |
| 10 75 | 8 15 | 5 75 | 96 | Hammam-Meskoutine........ | 11 07 | 5 12 | |
| 11 40 | 8 65 | 6 10 | 102 | Medjez-Amar........ | 11 19 | 5 25 | |
| | | | | arr. | 11 42 | 5 51 | 18 L. |
| 12 90 | 9 80 | 6 90 | 115 | GUELMA, buffet........ | | m. acc. | mat. |
| | | | | dép. | 12 10 | 6 16 | 6 55 |
| 13 35 | 10 10 | 7 15 | 119 | Millésimo, halte (1)........ | 12 16 | 6 24 | 7 03 |
| 13 80 | 10 45 | 7 40 | 123 | Petit........ | 12 24 | 6 35 | 7 14 |
| 15 25 | 11 55 | 8 15 | 136 | Nador........ | 12 43 | 6 55 | 7 40 |
| | | | | arr. | 1 03 | 7 15 | 8 02 |
| 16 70 | 12 65 | 8 95 | 149 | DUVIVIER, buffet, bifurc. Tunis | mixte | 44 m.v. | 42 m.v. |
| | | | | dép. | 1 13 | 7 27 | 8 17 |
| 22 75 | 17 25 | 12 20 | 203 | BONE................arrivée. | 3 00 | 9 48 | 10 39 |
| | | | | | soir. | soir. | mat. |

(1) Les trains 7 et 4 ne s'arrêtent à Millésimo que s'il y a des voyageurs à prendre ou à laisser.

# LIGNE DE SOUK-AHRAS A TÉBESSA

## DÉSIGNATION DES TRAINS S'ÉLOIGNANT DE SOUK-AHRAS

| 1 cl. | 2 cl. | 3 cl. | Dist. kil. | GARES ET HALTES | | 53 m. v. | 51 mixte |
|---|---|---|---|---|---|---|---|
| | | | | | | mat. | soir. |
| » | » | » | » | SOUK-AHRAS............départ. | | 6 15 | 3 25 |
| 1 55 | 1 20 | 0 85 | 14 | Oued-Chouk......... | | 6 59 | 4 05 |
| 3 15 | 2 40 | 1 70 | 28 | Dréa.......... | | 7 46 | 4 45 |
| 4 05 | 3 05 | 2 15 | 36 | Mdaourouch.......... | | 8 14 | 5 09 |
| 5 40 | 4 10 | 2 90 | 48 | Oued-Damous, halte (1)...... | | 8 41 | 5 34 |
| 7 60 | 5 80 | 4 10 | 68 | Clairfontaine, Buffet....... | arr. dép | 9 23 9 41 | 6 17 6 47 |
| 10 75 | 8 15 | 5 75 | 96 | Morsott........... | | 10 45 | 7 41 |
| 12 55 | 9 50 | 6 70 | 112 | Boulhaf-le-Dyr........ | | 11 27 | 8 18 |
| 14 35 | 10 90 | 7 70 | 128 | TEBESSA..........arrivée. | | 12 01 soir. | 8 50 soir. |

## DÉSIGNATION DES TRAINS S'ÉLOIGNANT DE TÉBESSA

| 1 cl. | 2 cl. | 3 cl. | Dist. kil. | GARES ET HALTES | | 52 mixte | 54 m. v. |
|---|---|---|---|---|---|---|---|
| | | | | | | mat. | soir. |
| » | » | » | » | TEBESSA............départ. | | 7 20 | 1 55 |
| 1 90 | 1 45 | 1 » | 17 | Boulhaf-le-Dyr........ | | 7 57 | 2 37 |
| 3 70 | 2 80 | 2 » | 33 | Morsott.......... | | 8 34 | 3 18 |
| 6 85 | 5 20 | 3 65 | 61 | Clairfontaine, Buffet....... | arr. dép. | 9 32 10 02 | 4 20 4 34 |
| 9 05 | 6 90 | 4 85 | 81 | Oued-Damous, halte (1)...... | | 10 54 | 5 36 |
| 10 40 | 7 90 | 5 60 | 93 | Mdaourouch......... | | 11 30 | 6 27 |
| 11 30 | 8 60 | 6 05 | 101 | Drea.......... | | 11 54 | 6 56 |
| 12 75 | 9 70 | 6 85 | 114 | Oued-Chouk....... | | 12 28 | 7 32 |
| 14 35 | 10 90 | 7 70 | 128 | SOUK-AHRAS.........arrivée. | | 1 16 soir. | 8 23 soir. |

(1) La halte de O. Damous n'est ouv. qu'aux voy., bag. et chiens.

# EMBRANCHEMENT DE PONT-DE-TRAJAN A BÉJA-VILLE

## DÉSIGNATION DES TRAINS S'ÉLOIGNANT DE BÉJA-VILLE

| 1 cl. | 2 cl. | 3 cl. | Dist. kil. | GARES | 19 léger | 21 léger |
|---|---|---|---|---|---|---|
| | | | | | mat. | soir. |
| » | » | » | » | BÉJA-Ville............départ. | 6 35 | 7 10 |
| 1 55 | 1 20 | 0 85 | 14 | Pont-de-Trajan..........arrivée. | 6 59 | 7 34 |

## DÉSIGNATION DES TRAINS S'ÉLOIGNANT DE PONT-DE-TRAJAN

| 1 cl. | 2 cl. | 3 cl. | Dist. kil. | GARES | 20 léger | 22 léger |
|---|---|---|---|---|---|---|
| | | | | | mat. | soir. |
| » | » | » | » | Pont-de-Trajan..........départ. | 10 25 | 9 20 |
| 1 55 | 1 20 | 0 85 | 14 | BÉJA-Ville............arrivée. | 10 53 | 9 48 |

Buffets ou Buvettes à Duvivier, Souk-Ahras, Clairfontaine, Ghrardimaou, Souk-el-Arba, Tunis et Guelma.

Les voyageurs du train n° 3 trouveront au buffet de Guelma, des repas à emporter.

Afin d'éviter toutes difficultés à la douane, MM. les voyageurs sont invités à assister à la visite de leurs bagages à la gare frontière de Ghrardimaou.

# LIGNE DE TUNIS A SOUSSE

| PRIX DES PLACES | | | Dist. kil. | GARES | TRAINS | | |
|---|---|---|---|---|---|---|---|
| 1. cl. | 2. cl. | 3. cl. | | | 81 léger | 83 léger | 85 léger |
| | | | | | mat. | soir. | soir. |
| » | » | » | » | TUNIS............départ. | 6 12 | 2 03 | 5 37 |
| » | 0 20 | 0 15 | 4 | Djebel-Djelloud, arrêt........ | 6 21 | » | 5 46 |
| 0 65 | 0 50 | 0 35 | 6 | Mégrine, arrêt............ | » | » | » |
| 1 10 | 0 85 | 0 50 | 10 | Maxula-Radès............ | 6 30 | 2 21 | 5 59 |
| 1 55 | 1 20 | 0 75 | 14 | Saint-Germain, arrêt........ | » | » | » |
| 1 90 | 1 45 | 0 75 | 17 | Hammam-el-Lif......... (arr. | 6 43 | 2 31 | 6 12 |
| | | | | (dép. | 6 50 | 2 38 | 6 15 |
| 2 70 | 2 05 | 1 15 | 24 | Bordj-Cedria Potinville........ | 7 06 | 2 51 | 6 35 |
| 3 25 | 2 45 | 1 55 | 29 | Fondouck-Djedid Mesratya... (arr. | 7 20 | 3 08 | 6 49 |
| | | | | Bifurcation Menzel-bou-Zalfa (dép. | 7 23 | 3 10 | 6 54 |
| 3 90 | 3 » | 1 85 | 35 | Khanguet............ | 7 36 | 3 23 | 7 11 |
| 4 35 | 3 30 | 2 05 | 39 | Grombalia............ | 7 51 | 3 37 | 7 22 |
| 5 40 | 4 10 | 2 90 | 48 | Bou-Arkoub, arrêt........ | 8 09 | 3 56 | soir. |
| 6 70 | 5 10 | 3 60 | 60 | Bir-bou-Rekba, buffet..... (arr. | 8 31 | 4 22 | |
| | | | | Bifurcation Nabeul (dép. | 8 39 | 4 27 | |
| 8 85 | 6 70 | 4 75 | 79 | Bou-Ficha............ | 9 21 | 5 13 | |
| 9 75 | 7 40 | 5 20 | 87 | Aïn-Hallouf............ | 9 41 | 5 34 | |
| 11 20 | 8 50 | 6 » | 100 | Enfidaville, buffet..... (arr. | 10 09 | 6 02 | |
| | | | | (dép. | 10 12 | 6 07 | |
| 12 75 | 9 70 | 6 85 | 114 | Menzel-Dar-bel-Ouar........ | 10 42 | 6 42 | |
| 13 80 | 10 45 | 7 40 | 123 | Sidi-bou-Ali, halte........ | 11 07 | 7 06 | |
| 15 35 | 11 65 | 8 20 | 137 | Kalaâ-Kebira............ | 11 37 | 7 36 | |
| 16 » | 12 15 | 8 60 | 143 | Kalaâ-Srira, buffet..... (arr. | 11 51 | 7 50 | |
| | | | | Bifurcation Kairouan (dép. | 11 56 | 7 53 | |
| 16 80 | 12 75 | 9 » | 150 | SOUSSE............arrivée. | 12 13 | 8 10 | |
| | | | | | soir. | soir. | |

| PRIX DES PLACES | | | Dist. kil. | GARES | TRAINS | | |
|---|---|---|---|---|---|---|---|
| 1. cl. | 2. cl. | 3. cl. | | | 86 léger | 82 léger | 84 léger |
| | | | | | | mat. | soir. |
| » | » | » | » | SOUSSE............départ. | | 5 » | 12 35 |
| 0 90 | 0 70 | 0 50 | 8 | Kalaâ-Srira, buffet....... (arr. | | 5 17 | 12 52 |
| | | | | Bifurcation Kairouan (dép. | | 5 19 | 12 57 |
| 1 55 | 1 20 | 0 85 | 14 | Kalaâ-Kebira, arrêt........ | | 5 31 | 1 12 |
| 3 15 | 2 40 | 1 70 | 28 | Sidi bou-Ali, halte........ | | 6 07 | 1 46 |
| 4 15 | 3 15 | 2 20 | 37 | Menzel-Dar-bel-Ouar........ | | 6 29 | 2 12 |
| 5 70 | 4 35 | 3 05 | 51 | Enfidaville, buffet....... (arr. | | 6 58 | 2 41 |
| | | | | (dép. | | 7 01 | 2 46 |
| 7 15 | 5 45 | 3 85 | 64 | Aïn-Hallouf, arrêt........ | | 7 33 | 3 19 |
| 8 05 | 6 10 | 4 30 | 72 | Bou-Ficha............ | | 7 51 | 3 40 |
| 10 20 | 7 75 | 5 45 | 91 | Bir bou-Rekba, buffet..... (arr. | | 8 32 | 4 21 |
| | | | | Bifurcation Nabeul (dép. | | 8 38 | 4 26 |
| 11 55 | 8 75 | 6 20 | 103 | Bou-Arkoub, arrêt........ | mat. | 9 03 | 4 52 |
| 12 55 | 9 50 | 6 70 | 112 | Grombalia............ | 5 30 | 9 26 | 5 14 |
| 13 » | 9 85 | 6 95 | 116 | Khanguet............ | 5 45 | 9 38 | 5 26 |
| 13 55 | 10 30 | 7 25 | 121 | Fondouck-Djedid Mesratya... (arr. | 5 57 | 9 50 | 5 38 |
| | | | | Bifurcation Menzel-bou-Zalfa (dép. | 6 02 | 9 53 | 5 41 |
| 14 20 | 10 80 | 7 60 | 127 | Bordj-Cedria Potinville........ | 6 21 | 10 08 | 5 56 |
| 15 » | 11 40 | 8 05 | 134 | Hammam-el-Lif......... (arr. | 6 36 | 10 23 | 6 11 |
| | | | | (dép. | 6 41 | 10 28 | 6 16 |
| 15 35 | 11 65 | 8 20 | 137 | Saint-Germain, arrêt........ | » | » | » |
| 15 80 | 12 » | 8 45 | 141 | Maxula-Radès............ | 6 58 | 10 42 | 6 33 |
| 16 25 | 12 35 | 8 70 | 145 | Mégrine, arrêt............ | » | » | » |
| 16 45 | 12 50 | 8 80 | 147 | Djebel-Djelloud, arrêt........ | 7 08 | » | » |
| 16 80 | 12 75 | 9 » | 150 | TUNIS............arrivée | 7 16 | 10 59 | 6 50 |
| | | | | | mat. | mat. | soir. |

# LIGNE DE TUNIS A BIZERTE

## DÉSIGNATION DES TRAINS S'ÉLOIGNANT DE BIZERTE

| 1 cl. | 2 cl. | 3 cl. | Dist. kil. | GARES ET HALTES | 25 mixte mat. | 29 mixte soir. | |
|---|---|---|---|---|---|---|---|
| » | » | » | » | BIZERTE............départ | 5 35 | 3 30 | |
| 0 30 | 0 20 | 0 15 | 4 | La Pêcherie, arrêt (1)........ | 5 42 | 3 37 | |
| 1 10 | 0 85 | 0 60 | 10 | Sidi-Ahmed............ | 5 54 | 3 49 | |
| 2 15 | 1 60 | 1 15 | 19 | Oued-Tindja-Ferryville....... | 6 13 | 4 07 | |
| 3 80 | 2 90 | 2 05 | 34 | Mateur................ | 6 42 | 4 38 | |
| 5 50 | 4 15 | 2 95 | 49 | Aïn-Rhelal, arrêt........ | 7 07 | 5 03 | (1) Les trains ne s'arrêtent à la Pêcherie et au Bardo que s'il y a des voyageurs à prendre ou à laisser. |
| 6 70 | 5 10 | 3 60 | 60 | Sidi-Athman......... | 7 30 | 5 26 | |
| 7 75 | 5 85 | 4 15 | 69 | Chaouat, halte........ | 7 45 | 5 41 | |
| 8 20 | 6 20 | 4 40 | 73 | DJEDEIDA, bifurcation Bône-Kroubs.. | 8 02 | 5 57 | |
| 9 95 | 7 55 | 5 35 | 89 | Manouba............ | 8 34 | 6 28 | |
| 11 » | 8 35 | 5 90 | 92 | Bardo, Kassar-Saïd, arrêt (1)....... | 8 41 | 6 35 | |
| 11 » | 8 35 | 5 90 | 98 | TUNIS............arrivée. | 8 51 | 6 45 | |

## DÉSIGNATION DES TRAINS S'ÉLOIGNANT DE TUNIS

| 1 cl. | 2 cl. | 3 cl. | Dist. kil. | GARES ET HALTES | 26 mixte mat. | 30 mixte soir. | |
|---|---|---|---|---|---|---|---|
| » | » | » | » | TUNIS.............départ. | 6 20 | 4 10 | |
| 1 10 | 0 85 | 0 60 | 6 | Bardo, Kassar-Saïd, arrêt (1)...... | 6 31 | 4 21 | |
| 1 10 | 0 85 | 0 60 | 10 | Manouba............ | 6 38 | 4 30 | |
| 2 80 | 2 15 | 1 50 | 25 | DJEDEIDA, bifurcation Bône-Kroubs.. | 7 05 | 5 00 | |
| 3 35 | 2 55 | 1 80 | 30 | Chaouat, halte....... | 7 15 | 5 10 | |
| 4 25 | 3 25 | 2 30 | 38 | Sidi-Athman....... | 7 32 | 5 25 | (1) Les trains ne s'arrêtent au Bardo et à la Pêcherie que s'il y a des voyageurs à prendre ou à laisser. |
| 5 60 | 4 25 | 3 » | 50 | Aïn-Rhelal, arrêt...... | 7 53 | 5 46 | |
| 7 30 | 5 55 | 3 90 | 65 | Mateur............ | 8 21 | 6 13 | |
| 8 95 | 6 80 | 4 80 | 80 | Oued-Tindja-Ferryville...... | 8 50 | 6 41 | |
| 9 95 | 7 55 | 5 35 | 89 | Sidi-Ahmed......... | 9 07 | 6 58 | |
| 11 » | 8 35 | 5 90 | 94 | La Pêcherie, arrêt (1)...... | 9 18 | 7 09 | |
| 11 » | 8 35 | 5 90 | 98 | BIZERTE............arrivée. | 9 25 | 7 16 | |

# TUNIS – LE BARDO – TUNIS

| GARES ET HALTES | TRAINS | | | |
|---|---|---|---|---|
| | A matin | B matin | C soir | D soir |
| TUNIS.............départ | 6 45 | 11 » | 1 15 | 6 30 |
| Ariana...... } | » | » | » | » |
| Belvédère...... } Arrêts | » | » | » | » |
| Bab-Saadoun... } facultatifs | » | » | » | » |
| Saint-Henri.... } | » | » | » | » |
| LE BARDO............ arr. | 7 » | 11 15 | 1 30 | 6 45 |
| dép. | 7 05 | 11 20 | 1 35 | 6 50 |
| Saint-Henri.... } | » | » | » | » |
| Bab-Saadoun... } Arrêts | » | » | » | » |
| Belvédère...... } facultatifs | » | » | » | » |
| Ariana...... } | » | » | » | » |
| TUNIS.............départ. | 7 20 | 11 35 | 1 50 | 7 05 |

**NOTA.** — Il n'est délivré sur cette ligne que des billets de 2ᵉ et 3ᵉ classe

# LIGNE DE TUNIS A ZAGHOUAN

| PRIX DES PLACES | | | Dist. kil. | GARES | TRAINS | |
|---|---|---|---|---|---|---|
| 1· cl. | 2· cl. | 3· cl. | | | 101 léger | 103 léger |
| | | | | | matin | soir |
| » | » | » | » | TUNIS..............départ. | 8 40 | 5 16 |
| n | » 20 | » 15 | 4 | Djebel-Djelloud, arrêt.......... | 8 51 | 5 27 |
| » 90 | » 70 | » 50 | 8 | Bir-Kassa, arrêt.......... | 9 01 | 5 37 |
| 1 45 | 1 10 | » 80 | 13 | Nassen.......... | 9 14 | 5 51 |
| 2 25 | 1 70 | 1 20 | 20 | Klédia, arrêt.......... | 9 32 | 6 10 |
| 2 70 | 2 05 | 1 45 | 24 | Oudna.......... | 9 46 | 6 25 |
| 3 15 | 2 40 | 1 70 | 28 | Bou-er-Rebia, arrêt.......... | 9 56 | 6 35 |
| 4 05 | 3 05 | 2 15 | 36 | Djebel-Oust.......... | 10 18 | 6 58 |
| 5 50 | 4 15 | 2 95 | 49 | Smindja, bifurc. Pont-du-Fahs.... { arr. | 10 47 | 7 27 |
| | | | | { dép. | 10 52 | 7 32 |
| 6 40 | 4 85 | 3 40 | 57 | Moghrane.......... | 11 14 | 7 54 |
| 6 95 | 5 25 | 3 70 | 62 | ZAGHOUAN..........arrivée. | 11 25 | 8 05 |

| PRIX DES PLACES | | | Dist. kil. | GARES | TRAINS | |
|---|---|---|---|---|---|---|
| 1· cl. | 2. cl. | 3· cl. | | | 102 léger | 104 léger |
| | | | | | matin | soir |
| » | » | » | » | ZAGHOUAN..........départ. | 5 45 | 4 38 |
| » 65 | » 50 | » 35 | 6 | Moghrane.......... | 6 04 | 4 51 |
| 1 45 | 1 10 | » 80 | 13 | Smindja, Bifurc. Pont-du-Fahs.... { arr. | 6 18 | 5 11 |
| | | | | { dép. | 6 23 | 5 16 |
| 2 90 | 2 20 | 1 55 | 26 | Djebel-Oust.......... | 6 56 | 5 20 |
| 3 80 | 2 90 | 2 05 | 34 | Bou-er-Rebia, arrêt.......... | 7 15 | 6 09 |
| 4 25 | 3 25 | 2 30 | 38 | Oudna.......... | 7 28 | 6 23 |
| 4 70 | 3 55 | 2 50 | 42 | Klédia, arrêt.......... | 7 40 | 6 35 |
| 5 60 | 4 25 | 3 » | 50 | Nassen.......... | 8 » | 6 54 |
| 6 05 | 4 60 | 3 25 | 54 | Bir-Kassa, arrêt.......... | 8 10 | 7 04 |
| 5 50 | 4 15 | 3 50 | 58 | Djebel-Djelloud, arrêt.......... | 8 20 | 7 14 |
| 6 95 | 5 25 | 3 70 | 62 | TUNIS..........arrivée. | 8 30 | 7 25 |

# LIGNE DE TUNIS AU HAUT-MORNAG, CRÉTEVILLE

| PRIX DES PLACES | | | Dist. kil. | GARES | TRAINS | |
|---|---|---|---|---|---|---|
| 1· cl. | 2· cl. | 3· cl. | | | 141 léger | 143 léger |
| | | | | | matin | soir |
| » | » | » | » | TUNIS..............départ. | 9 » | 6 » |
| » 20 | » 15 | » 10 | 3 | Les Ateliers, arrêt.......... | 9 08 | 6 08 |
| » 30 | » 20 | » 15 | 4 | Djebel-Djelloud, arrêt.......... | 9 13 | 6 13 |
| » 40 | » 30 | » 20 | 5 | Fath-Allah, arrêt.......... | 9 16 | 6 16 |
| » 60 | » 45 | » 30 | 6 | Ben-Arous, arrêt.......... | 9 20 | 6 20 |
| » 80 | » 60 | » 40 | 8 | Bir-Kassa, halte.......... | 9 29 | 6 29 |
| 1 » | » 75 | » 50 | 10 | Bordj-Gourbel, arrêt.......... | 9 36 | 6 36 |
| » | » | » | 11 | Oued-Miliane, halte.......... | 9 39 | 6 39 |
| 1 20 | » 90 | » 60 | 13 | Bou-Jerga, arrêt.......... | 9 44 | 6 41 |
| 1 40 | 1 05 | » 70 | 15 | La Zaouïa, halte.......... | 9 49 | 6 49 |
| 1 60 | 1 20 | » 80 | 17 | La Cebala, halte.......... | 9 57 | 6 57 |
| 1 80 | 1 35 | » 90 | 19 | Les Caves, halte.......... | 10 03 | 7 03 |
| 2 » | 1 50 | 1 » | 21 | HAUT-MORNAG, CRÉTEVILLE. arr. | 10 09 | 7 09 |

# LIGNE DU HAUT-MORNAG, CRÉTÉVILLE A TUNIS

| PRIX DES PLACES | | | Dist. kil. | GARES | TRAINS | |
| --- | --- | --- | --- | --- | --- | --- |
| | | | | | 142 léger | 144 léger |
| 1· cl. | 2· cl. | 3· cl. | | | matin | soir |
| » | » | » | » | HAUT-MORNAG, CRÉTÉVILLE. dép. | 6 » | 2 45 |
| » 20 | » 15 | » 10 | 2 | Les Caves, halte | 6 06 | 2 51 |
| » 40 | » 30 | » 20 | 4 | La Cebala, halte | 6 12 | 2 57 |
| » 60 | » 45 | » 30 | 7 | La Zaouïa, halte | 6 20 | 3 05 |
| » 80 | » 60 | » 40 | 9 | Bou-Jerga, arrêt | 6 25 | 3 10 |
| • | » | » | 10 | Oued-Miliane, halte | 6 30 | 3 15 |
| 1 » | » 75 | » 50 | 11 | Bordj-Gourbel, arrêt | 6 33 | 3 18 |
| 1 20 | » 90 | » 60 | 13 | Bir-Kassa, halte | 6 41 | 3 26 |
| 1 40 | 1 05 | » 70 | 15 | Ben-Arous, arrêt | 6 49 | 3 31 |
| 1 60 | 1 20 | » 80 | 16 | Fath-Allah, arrêt | 6 53 | 3 38 |
| 1 70 | 1 30 | » 85 | 17 | Djebel-Djelloud, arrêt | 6 57 | 3 42 |
| 1 80 | 1 35 | » 90 | 19 | Les Ateliers, arrêt | 7 01 | 3 44 |
| 2 » | 1 50 | 1 » | 21 | TUNIS arrivée | 7 09 | 3 50 |

# LIGNE DE SOUSSE A KAIROUAN

| PRIX DES PLACES | | | Dist. kil. | GARES | TRAINS | | |
| --- | --- | --- | --- | --- | --- | --- | --- |
| | | | | | 82 léger | 121 léger | 84 léger |
| 1· cl. | 2· cl. | 3· cl. | | | matin | matin | soir |
| » | » | » | » | SOUSSE départ | 5 » | 5 10 | 12 35 |
| | | | | arr. | 5 17 | 5 27 | 12 52 |
| | | | | | | | 123 |
| | | | | | | | soir |
| » 90 | » 70 | » 50 | 8 | Kalaâ-Srira, buffet, bifurc. Tunis. | | | |
| | | | | dép. | | 5 29 | 1 » |
| 1 45 | 1 10 | » 80 | 13 | Réservoir, arrêt | | 5 41 | 1 12 |
| 1 80 | 1 35 | » 95 | 16 | Oued-Laya arrêt | | 5 56 | 1 23 |
| 3 15 | 2 40 | 1 70 | 28 | Kroussiah-Sahali, arrêt | | 6 25 | 1 50 |
| 4 15 | 3 15 | 2 20 | 37 | Sidi-el-Hani | | 6 49 | 2 14 |
| 5 15 | 3 90 | 2 75 | 46 | Aïn-Ghrasesia, arrêt | | 7 10 | 2 34 |
| 6 50 | 4 95 | 3 50 | 58 | KAIROUAN arrivée | | 7 35 | 2 59 |

| PRIX DES PLACES | | | Dist. kil. | GARES | TRAINS | | |
| --- | --- | --- | --- | --- | --- | --- | --- |
| | | | | | 122 léger | 124 léger | 83 léger |
| 1· cl. | 2· cl. | 3· cl. | | | matin | matin | soir |
| » | » | » | » | KAIROUAN départ. | 6 » | 9 50 | |
| 1 45 | 1 10 | 0 80 | 12 | Aïn-Ghrasesia, arrêt | 6 26 | 10 16 | |
| 2 45 | 1 85 | 1 30 | 22 | Sidi-el-Hani | 6 50 | 10 40 | |
| 3 35 | 2 55 | 1 80 | 30 | Kroussiah-Sahali, arrêt | 7 12 | 11 » | |
| 4 80 | 3 65 | 2 60 | 43 | Oued-Laya, arrêt | 7 39 | 11 27 | |
| 5 15 | 3 90 | 2 75 | 46 | Réservoir, arrêt | 7 50 | 11 35 | |
| | | | | arr. | 8 01 | 11 49 | |
| | | | | | | 81 | |
| | | | | | | matin | |
| 5 70 | 4 35 | 3 05 | 51 | Kalaâ-Srira, buffet, bifurc. Tunis. | | | |
| | | | | dép. | 8 01 | 11 56 | 7 53 |
| 6 50 | 4 95 | 3 50 | 58 | SOUSSE arrivée. | 8 21 | 12 15 | 8 10 |

# LIGNE DE SOUSSE A MOKNINE

| 1re cl. | 2e cl. | 3e cl. | Dist. kil. | GARES | 131 léger | 133 léger |
|---|---|---|---|---|---|---|
| | | | | | matin | soir |
| » | » | » | » | SOUSSE .............. départ. | 5 35 | 4 38 |
| » 20 | » 15 | » 10 | » | Souïssa, arrêt .............. | 5 42 | 4 45 |
| » 80 | » 60 | » 40 | 7 | Ksiba, arrêt .............. | 5 57 | 5 » |
| 1 10 | 0 85 | » 60 | 10 | M'Saken .............. | 6 14 | 5 17 |
| 2 » | 1 55 | 1 10 | 18 | Ouardanine, arrêt .............. | 6 36 | 5 39 |
| 2 45 | 1 85 | 1 30 | 22 | Menzel-bir-Taïeb .............. | 6 53 | 5 56 |
| 2 90 | 2 20 | 1 55 | 26 | Djemmal .............. | 7 10 | 6 13 |
| 3 45 | 2 65 | 1 85 | 31 | Touza-Bouder, arrêt .............. | 7 27 | 6 30 |
| 4 15 | 3 15 | 2 20 | 37 | MOKNINE .............. arrivée. | 7 42 | 6 45 |

| 1re cl. | 2e cl. | 3e cl. | Dist. kil. | GARES | 132 léger | 134 léger |
|---|---|---|---|---|---|---|
| | | | | | matin | soir |
| » | » | « | » | MOKNINE .............. départ. | 6 » | 2 » |
| » 65 | » 50 | » 35 | 6 | Touza-Bouder, arrêt .............. | 6 16 | 2 16 |
| 1 25 | » 95 | » 65 | 11 | Djemmal .............. | 6 35 | 2 35 |
| 1 70 | 1 30 | » 90 | 15 | Menzel-bir-Taïeb .............. | 6 51 | 2 54 |
| 2 15 | 1 60 | 1 15 | 19 | Ouardanine, arrêt .............. | 7 07 | 3 07 |
| 3 » | 2 30 | 1 60 | 27 | M'Saken .............. | 7 33 | 3 33 |
| 3 35 | 2 55 | 1 80 | 30 | Ksiba, arrêt .............. | 7 46 | 3 46 |
| » | » | » | » | Souïssa, arrêt .............. | 8 » | 4 » |
| 4 15 | 3 15 | 2 20 | 37 | SOUSSE .............. arrivée. | 8 07 | 4 07 |

# EMBRANCHEMENT DE PONT-DU-FAHS

| 1re cl. | 2e cl. | 3e cl. | Dist. kil. | GARES | 101 léger | 861 léger (n'a lieu que le Samedi à titre d'essai) | 103 léger |
|---|---|---|---|---|---|---|---|
| | | | | | matin | | soir |
| » | » | » | » | TUNIS .............. départ. | 8 40 | | 5 16 |
| | | | | arr. | 10 47 | | 7 27 |
| | | | | | 111 léger | | 113 léger |
| | | | | | matin | matin | soir |
| 5 50 | 4 15 | 2 95 | 49 | Smindja, Bifurc. Zaghouan ...... dép. | 10 55 | 6 25 | 7 35 |
| 6 05 | 4 60 | 3 25 | 54 | El-Aouja, arrêt .............. | 11 09 | 6 39 | 7 49 |
| 7 15 | 5 45 | 3 85 | 64 | PONT-DU-FAHS .............. arrivée. | 11 29 | 6 59 | 8 03 |

| 1re cl. | 2e cl. | 3e cl. | Dist. kil. | GARES | 112 léger | 862 léger (n'a lieu que le Samedi à titre d'essai) | 114 léger |
|---|---|---|---|---|---|---|---|
| | | | | | matin | matin | soir |
| » | » | » | » | PONT-DU-FAHS .............. départ. | 5 40 | 10 « | 4 36 |
| 1 10 | » 85 | » 60 | 10 | El-Aouja, arrêt .............. | 6 01 | 10 21 | 4 57 |
| | | | | arr. | 6 14 | 10 34 | 5 10 |
| | | | | | 102 léger | | 104 léger |
| | | | | | matin | | soir |
| 1 70 | 1 30 | » 90 | 15 | Smindja, Bifurc. Zaghouan ...... dép. | 6 23 | | 5 16 |
| 7 15 | 5 45 | 3 85 | 64 | TUNIS .............. arrivée. | 8 30 | | 7 25 |

# EMBRANCHEMENT DE MENZEL-BOU-ZALFA

| 1re cl. | 2e cl. | 3e cl. | Dist. kil. | GARES | 81 léger | 753 léger | 85 léger |
|---|---|---|---|---|---|---|---|
| | | | | | matin | soir | soir |
| » | » | » | » | TUNIS......................départ. | 6 12 | | 5 37 |
| | | | | | 6 43 | | 6 12 |
| 1 90 | 1 45 | » 75 | 17 | Hammam-el-Lif.............{arr. {dép. | 6 50 | 1 14 | 6 15 |
| 2 70 | 2 05 | 1 15 | 21 | Bordj-Cédria Potinville............. | 7 06 | 1 30 | 6 35 |
| | | | | arr. | 7 20 | 1 43 | 6 49 |
| | | | | | 91 léger | | 93 léger |
| 3 25 | 2 45 | 1 55 | 29 | Fondouk-Djedid Mesratya.........<br>Bifurcation | | | |
| | | | | | Matin | | soir |
| | | | | dép. | 7 27 | 2 00 | 6 55 |
| 3 40 | 3 » | 1 85 | 35 | Soliman............................ | 7 44 | 2 19 | 7 12 |
| 4 80 | 3 65 | 2 30 | 43 | MENZEL-BOU-ZALFA.........arrivée. | 8 03 | 2 41 | 7 31 |

Note train 753 : Jeudi seulement.

| 1re cl. | 2e cl. | 3e cl. | Dist. kil. | GARES | 92 léger | 52 léger | 91 léger |
|---|---|---|---|---|---|---|---|
| | | | | | matin | matin | soir |
| » | » | » | » | MENZEL-BOU-ZALFA.........départ. | 5 20 | 11 57 | 4 51 |
| 1 » | » 75 | » 55 | 9 | Soliman............................ | 5 41 | 12 17 | 5 18 |
| | | | | arr. | 5 56 | 12 29 | 5 30 |
| | | | | | 86 léger | | 84 léger |
| 1 55 | 1 20 | » 85 | 14 | Fondouk-Djedid Mesratya.........<br>Bifurcation | | | |
| | | | | | matin | | soir |
| | | | | dép. | 6 02 | 12 30 | 5 41 |
| 2 25 | 1 70 | 1 20 | 20 | Bordj-Cédria Potinville............. | 6 21 | 12 44 | 5 56 |
| | | | | arr. | 6 36 | 12 59 | 6 11 |
| 2 90 | 2 20 | 1 55 | 26 | Hammam-el-Lif.............{arr. {dép. | 6 41 | | 6 16 |
| 4 80 | 3 65 | 2 30 | 43 | TUNIS......................arrivée. | 7 16 | | 6 50 |

Note train 52 : Jeudi seulement.

# EMBRANCHEMENT DE NABEUL

| 1re cl. | 2e cl. | 3e cl. | Dist. kil. | GARES | 81 léger | 83 léger |
|---|---|---|---|---|---|---|
| | | | | | matin | soir |
| » | » | » | » | TUNIS......................départ. | 6 12 | 2 03 |
| | | | | arr. | 6 43 | 2 34 |
| 1 90 | 1 45 | » 75 | 17 | Hammam-el-Lif.............{arr. {dép. | 6 50 | 2 38 |
| | | | | arr. | 8 34 | 4 22 |
| | | | | | 95 léger | 97 léger |
| 6 70 | 5 10 | 3 60 | 60 | Bir-bou-Rekba (buffet)............<br>Bifurcation | | |
| | | | | | matin | soir |
| | | | | dép. | 8 47 | 4 32 |
| 7 15 | 5 45 | 3 85 | 64 | Hammamet.......................... | 9 03 | 4 43 |
| 8 60 | 6 55 | 4 60 | 77 | NABEUL....................arrivée. | 9 30 | 5 15 |

# EMBRANCHEMENT DE NABEUL (*Retour*)

| PRIX DES PLACES | | | Dist. kil | GARES | TRAINS | |
|---|---|---|---|---|---|---|
| 1· cl. | 2· cl. | 3· cl. | | | 96 léger | 98 léger |
| | | | | | matin | soir |
| » | » | » | » | NABEUL...............départ. | 7 15 | 3 37 |
| 1 45 | 1 10 | » 80 | 13 | Hammamet................... | 8 17 | 4 09 |
| | | | | arr. | 8 28 | 4 20 |
| | | | | | 82 léger | 84 léger |
| 2 » | 1 55 | 1 10 | 18 | Bir-bou-Rekba (buffet)............ Bifurcation | matin | soir |
| | | | | dép. | 8 38 | 4 26 |
| 6 70 | 5 10 | 3 60 | 60 | Hammam-el-Lif............... arr. / dép. | 10 23 / 10 28 | 6 11 / 6 16 |
| 8 60 | 6 55 | 4 60 | 77 | TUNIS ...............arrivée. | 10 59 | 6 50 |

# LIGNE DE BONE A MOKTA-EL-HADID

## (Compagnie de Mokta-el-Hadid)

| PRIX DES PLACES | | | Dist. Kil. | GARES | TRAINS | | |
|---|---|---|---|---|---|---|---|
| 1· cl. | 1· cl. | 3· cl. | | | mat. | mat. | soir. |
| » | » | » | » | BONE...............départ. | 6 » | 11 15 | 1 30 |
| 1 30 | » 90 | » 45 | 11 | Karézas................... | 6 29 | 11 44 | 1 59 |
| 2 30 | 1 50 | » 75 | 19 | Oued-Zied ............... | 7 » | 12 15 | 2 30 |
| 3 10 | 2 10 | 1 05 | 26 | Aïn-Daliah................ | 7 21 | 12 36 | 2 51 |
| 3 95 | 2 65 | 1 30 | 33 | Aïn-Mokra ............... | 7 42 | 12 57 | 3 12 |
| » | » | » | 34 | MOKTA-EL-HADID........arrivée. | 7 45 | 1 » | 3 15 |
| | | | | | mat. | soir | soir |

*(Dimanche / Semaine)*

| PRIX DES PLACES | | | dist. Kil. | GARES | TRAINS | | |
|---|---|---|---|---|---|---|---|
| 1· cl. | 2· cl. | 3· cl. | | | mat. | soir. | soir. |
| | | | | MOKTA-EL-HADID.........départ. | 8 45 | 2 10 | 4 05 |
| | | | | Aïn-Mokra................ | 8 57 | 2 28 | 4 15 |
| | | | | Aïn-Daliah............... | 9 18 | 2 51 | 4 36 |
| | | | | Oued-Zied............... | 9 48 | 3 21 | 5 06 |
| | | | | Karézas................. | 10 13 | 3 46 | 5 31 |
| | | | | BONE...............arrivée. | 10 41 | 4 14 | 5 57 |
| | | | | | mat. | soir. | soir. |

*(Dimanche / Semaine)*

# OBSERVATIONS GÉNÉRALES

Les arrêts de Djebel-Djelloud, et de Mégrine ne sont ouverts qu'aux voyageurs sans bagages ; ceux de Saint-Germain, de Souïssa et la ligne du Mornag ne sont ouverts qu'au service des voyageurs, bagages et chiens ; ceux de Bou-Arkoub, Aïn-Hallouf, Kalaâ-Kebira, Bir-Kassa, Klédia, Bou-er-Rebia, El-Aouja, Reservoir, Oued-Laya, Kroussiah, Aïn-Ghrasc- sia, Ksiba, Ouardanine, Touza-Bouder, ainsi que la halte de Sidi-bou-Ali, ne sont ouverts qu'aux services restreints des voyageurs avec bagages et de la grande et de la petite vitesse, dans les conditions sur lesquelles le public pourra se renseigner dans les gares.

# VERNET

## Déménagements — Garde-Meubles

*ALGER. — 30, Rue de Constantine, 30. — ALGER*

EXÉCUTION SOIGNÉE AVEC GARANTIES

Voitures les plus grandes et les plus confortables

# DESCRIPTION

## DE LA

# PROVINCE DE CONSTANTINE

## ET DE SES

## *VILLES PRINCIPALES*

# PROVINCE DE CONSTANTINE

LA Province de Constantine comprend, le long de la Méditerranée, au Nord, l'étendue des côtes qui serpentent entre le cap Roux, par 6° 33' de long. O., et le cap Corbelin par 2° 15'. Elle se prolonge en pointe, au Sud, jusqu'au Désert, entre les frontières, à l'Est, de la Tunisie, qui s'avancent de la mer jusqu'à la Sebkra el R'armis, pour passer à l'Ouest de Nefta, et les limites, à l'Ouest, de la Province d'Alger.

Sa superficie totale est de 175.000 kil. carrés, dont 73 000 dans le Tell et 102.000 dans le Sahara. Les masses qui bordent le littoral et dominent les vallées basses sont : Le Chora, près de La Calle ; l'Edough, entre Bône et Philippeville ; le Goufi, entre Collo et Djidjelli, et le Babour, entre Djidjelli et Bougie.

On remarque la plaine de Bône et celle du bassin du lac Fezzara, qui se trouve à 15 mètres au-dessus du niveau de la mer.

A l'Ouest, à quatre jours de marche d'Alger, se trouve un formidable passage connu sous nom de *Bibans* ou Portes de Fer.

Beaucoup de ruines sont disséminées dans cette province qui a été la partie de l'Algérie la plus fréquentée par les Romains. Le monument le plus curieux est le Sépulcre des rois de Numidie, appelé *Madracen* par les Arabes et *Tombeau du Sphinx* par les Européens ; il est situé au pied du Djebel, sur la route de Batna.

A 38 kilom. de la route de Sétif, on trouve encore une grotte pleine d'inscriptions romaines. A 40 kilom. N.-E. de Sétif, on peut voir l'ancienne *Gemellæ* des Romains ; les ruines y sont importantes. Le duc d'Orléans, à son passage, en 1839, y remarqua un théâtre, les restes d'une basilique chrétienne, le forum où s'élève un temple dédié à la Victoire.

La province de Constantine avait été, sous les Turcs, un royaume. Sa richesse l'avait placée au premier rang.

La prise de Constantine résolue, nos armées essuyèrent un mémorable échec devant cette place, en 1836, et ce ne fut que l'année suivante que la ville fut prise. C'est à ce combat que le général Damrémont succomba et fut remplacé par le général Valée. C'est lui qui fonda Philippeville sur les ruines de *Rusicada*.

Le prince royal d'Orléans voulut visiter le pays et revint à Alger par le fameux passage des Portes de Fer, le 28 septembre 1839.

## PRINCIPALES VILLES
### DE LA PROVINCE DE CONSTANTINE

**Batna,** sur la ligne de Constantine à Biskra (C$^{ie}$ de l'Est-Algérien), est située à 35° 70' de latitude N. et à 3° 90' de long. E. A 120 kilom de Constantine, elle est au milieu de plaines fertiles, autour desquelles s'élèvent des montagnes couvertes de cèdres.

Batna, en Arabe, signifie *Le Bivouac*.

**Bône** (*Anaba*, en Arabe), sur la côte septentrionale de l'Afrique, par 5° 50' de long. E. et 36° 52' de latitude N., dans le fond d'une baie qui est terminée, à l'Est, par le cap Rosa, et à l'Ouest par le cap de Garde, sur lequel un phare a été édifié. La plage qui borde la ville tourne au sud et va correspondre à une vallée dont le sol parait formé d'alluvions ; c'est là que se jette la Seybouse, rivière assez large où des embarcations peuvent remonter le cours jusqu'à une certaine distance.

A environ 2 kilom. au S.-O. de la ville, entre la Seybouse et la Boudjema, on trouve des vestiges de constructions romaines ; c'est là qu'était Hippone.

Hippone fut fondée par les Carthaginois sous le nom d'*Ubbo*.

Les Romains en changèrent le nom par celui d'*Hippo Regius*.

En l'an de Rome 707, Sittias, lieutenant de César, était dans le port que formait la Seybouse, au pied de la ville, lorsque Scipion, battu par une tempête, vînt pour y relâcher avec sa flotte qui fut détruite.

Bône est aujourd'hui d'un aspect très gai. L'édifice le plus remarquable est la mosquée construite avec les débris du temple d'Hippone.

Les environs y sont charmants. A visiter, le hameau de Sainte-Anne, Hippone, la vallée des Kermiches, celle des Caroubiers, celle de l'Oued Kouba, près la forêt de l'Edour,

**Bougie,** par Beni-Mançour (Cie de l'Est-Algérien), est située par le 44° de long. O. et 36° 46' de lat. N. Vue de la mer, elle a l'aspect le plus pittoresque qu'une ville puisse présenter ; des masses rocheuses, d'une élévation importante : le Beni-Toudja (1.261 m.), le Babor (1.990 m ), la dominent à une grande distance en déployant un rideau de montagnes très haut. Le Gouraïa, sur le revers duquel la ville est bâtie, se dresse à 611 m. au-dessus de la mer. Un fort la domine entièrement ; un autre, qui est sur le rivage, et plusieurs batteries servent à sa défense.

Bougie *(Bedjaïa)* a été fondée par les Carthaginois, puis fut occupée par les Romains. De nombreuses ruines prouvent qu'une grande cité a été florissante sur ce rivage. Ce fut dans cette ville que Charles-Quint vint se ravitailler, en 1541, après le désastre qu'il éprouva devant Alger. Les Espagnols y demeurèrent 45 ans (1555) ; enfin, tombée à la domination des Turcs, elle perdit de son importance. En 1832, des insultes ayant été faites au brick *le Marsouin*, une expédition fut dirigée sur Bougie le 29 septembre 1833, et fut prise par les troupes françaises.

**Constantine,** par 36° 22' de lat. N et 4° 16 de long. E, est bâtie sur un rocher dont le point culminant a 644 m. au-dessus du niveau de la mer. Le fondateur de cette ville est, dit-on, un aventurier grec qui lui donna le nom de *Cirta*. Vers 230 av. J.-C., Narva y régnait ; il épousa une fille d'Amilcar, sœur du grand Annibal, dont il eut Gala qui lui succéda. Massinissa, fils de Gala, soutint le parti des Carthaginois ; peu à près il laissa le trône à Jugurtha. Ce fut en 304 après J.-C. que Rusus Valusianus, général dans l'armée de Mayence, la prit et la détruisit. Constantin la réédifia et lui donna son nom.

Sur la rive droite du Rhummel, on voit une inscription gravée en 259, en la mémoire de chrétiens qui furent décapités sur la hauteur.

Sur la rive gauche s'élève une pyramide en pierres de taille où est l'inscription suivante, gravée en Français et en Arabe :

ICI

FUT TUÉ

PAR UN BOULET

EN VISITANT

LA BATTERIE DE LA BRÈCHE

LE 12 OCTOBRE 1837

VEILLE DE LA PRISE DE CONSTANTINE

LE LIEUTENANT GÉNÉRAL

DENYS COMTE DE DAMRÉMONT

GOUVERNEUR GÉNÉRAL

DANS LE NORD DE L'AFRIQUE

COMMANDANT EN CHEF

L'ARMÉE FRANÇAISE EXPÉDITIONNAIRE.

Au-dessus, s'etend l'esplanade de la Brèche ; une tour byzantine, dite Bordj-Acous se dresse sur la partie occidentale du rempart.

Les environs de Constanti e sont arides ; à l'extrémité O. du Rhummel et vis-à-vis l'angle S. de la ville, on trouve une fontaine d'eaux thermales dont parle LÉON L'AFRICAIN.

**Djidjelli,** sur la côte septentrionale de l'Afrique, par 3°24' de long. O. et par 36°30' de latitude N., s'avance en mer sur une pointe rocheuse reliée à la côte ; c'est sur cette presqu'île que s'est relevé la ville, presqu'entièrement détruite par le tremblement de terre des 21 et 22 août 1856. Djidjelli est l'ancienne *Igilgilis Colonia* fondée par les Carthaginois ; c'est là que vint débarquer Théodose pour finir la guerre excitée par Firmus dans la Mauritanie Césarienne.

**Guelma,** sur la ligne de Bône à Khroubs (C<sup>ie</sup> Bône-Guelma), ville neuve, bien alignée, ayant un aspect qui représente la France. Elle est entourée de murs crénelés ouverts par cinq portes. Le pays est accidenté ; une belle plaine s'étend à l'Est et remonte vers la Seybouse.

Guelma fut fondée par les Romains sous le nom de *Calama*; elle fut renversée par un tremblement de terre; ses ruines servirent à fortifier un emplacement voisin et formèrent, avec un mur garni de 13 tours carrées, une défense où se réfugièrent des troupes, à l'époque des Vandales et de l'invasion musulmane. En dehors des remparts sont : un théâtre, un temple, des termes et autres lieux curieux.

Cette commune entra en plein exercice le 17 juin 1854 et fut reconnue chef-lieu d'arrondissement le 13 octobre 1858.

**Jemmapes** est située sur un double mamelon, au centre de la vallée de l'Oued-Fendeck, à l'embranchement des routes d'El-Arrouch et de Philippeville, à 40 kilomètres S.-O. de ce point. Elle a été fondée par ordonnance du 14 février 1848 ; c'est un des centres créés à cette époque qui a le plus prospéré.

**Lambèse** est l'ancienne ville romaine bâtie par la 3e Légion, surnommée l'Auguste, la Pieuse, la Vengeresse, dont le signe numéral est gravé sur la plupart des ruines qu'on y trouve. L'on y voit encore un grand édifice qui fut le pretorium du légat, dont on a fait un musée ; les restes d'un temple d Esculape, ainsi que des autels et des tombeaux revêtus d'inscriptions latines.

**Philippeville,** tête de ligne du chemin de fer allant à Constantine (C$^{ie}$ P.-L.-M.), est située sur la côte septentrionale d'Afrique, par 4° 34' de long. E et par 36° 53' de latitude N, à 83 kilom. de Constantine.

Le vrai port de Constantine est la petite anse de Stora, située à 4 kilom. O ; cette partie du golfe porte spécialement le nom de baie de Stora. Les environs de cette baie offrent des sites charmants. Stora était, dans l'antiquité, le port de Constantine ; une voie romaine en pierres noires reliant ces deux points était encore suivie au temps de Léon l'Africain (1512).

Le 6 octobre 1838, le maréchal Valée commença les fondements de Philippeville ; c'est une cité neuve et fraîche qui n'a aucune de ces vieilles masures que l'on trouve dans nos villes africaines.

**Sétif,** par 3° 5 de long. O et par 36° 12' de lat. N, présente un centre de population avec des maisons neuves à l'européenne et est assise avec une grande symétrie aux pieds des murs d'une citadelle.

Sétif *(Sitifilis Colonia)* fut érigée en capitale d'une province de l'intérieur qui reçut le nom de Mauritanie sétifienne. Formus organisa une révolte contre la tyrannie du préfet Romanus ; pris par Théodose, il fut décapité, et tandis que sa tête, au bout d'une pique, était portée de tribu en tribu, son cadavre était envoyé à Sétif comme épouvantail aux yeux des populations turbulentes.

Le 15 décembre 1838, le général Galbois reconnut ce point et se retira sur Djemila où il laissa quelques troupes qui furent attaquées le 16 et jours suivants. En juin 1839, il revint prendre possession des ruines de Sétif et le 28 octobre, il reparut pour y fonder définitivement un établissement propre à brider les indigènes au sein desquels les lieutenants d'Abdelkader nourrissaient un foyer d'insurrection. Le 11 février 1847, une ordonnance royale créa la ville européenne.

Comme excursions, nous pouvons citer les environs des villages de la Compagnie Genévoise, à Rouhira, Fermatou, Foncigny.

Sétif se trouve sur la ligne d'Alger à Constantine (C$^{ie}$ de l'Est-Algérien).

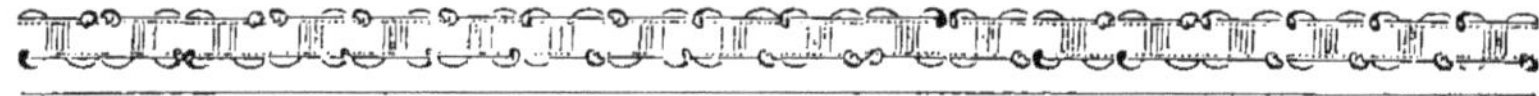

# ADRESSES

# DES PRINCIPALES ADMINISTRATIONS

## VILLE DE CONSTANTINE

Banque de l'Algérie, place du Palais.
Bureau des Domaines, rue de France.
— des actes civils, rue Nationale.
— des actes judiciaires, rue Négrier.
— des hypothèques, rue Madier.
Chambre de Commerce, rue Nationale.
Chemins de fer P.-L.-M. (Inspection à Philippeville), rue d'Orléans.
Chemins de fer de l'Est-Algérien, rue de France.
Collège communal, boulevard de l'Est.
Compagnie Algérienne, rue Caraman.
Contributions directes, rue Nationale.
Contributions diverses, rue Sauzai.
Contrôle de la Garantie, rue Nationale.
Crédit foncier, rue d'Orléans.
Domaines, Enregistrement, Timbres (Direction), rue de France.
Douanes, rue Nationale.
Evêché, rue Desmoyens.
Gare du chemin de fer P.-L.-M., à El-Kantara.
    Id.      id.        Est-Algérien, à El-Kantara
Hôpital civil, à Sidi-Mecid.
Justice de Paix, rue Négrier.
Mairie, rue Sauzai.
Mines, rue Nationale.
Mosquées, rue Nationale et place Négrier.
Ponts et Chaussées, rue Bellevue.
Poids et Mesures, rue du Théâtre.
Postes et Télégraphes, rue d'Orléans.
Préfecture, rue Sauzai.
Recette municipale, rue Damrémont
Service des Forêts, rue Rohault-de-Fleury.
— de la Topographie, rue Bellevue.
Temple protestant, rue des Zouaves.
Trésor, rue Basse-Damrémont.
Tribunal de 1re instance, place Négrier.
Tribunal de Commerce,        —
Voirie départementale, rue Sauzai.

EAUX MINÉRALES NATURELLES DE
BEN-HAROUN
Gazeuzes, Bicarbonatées, Sodiques, Ferrugineuses, non décantées et non gazéifiées.
Les seules Eaux d'Algérie qui aient été adoptées par les Hôpitaux Civils et Militaires
Les Sommités médicales sont unanimes à reconnaître les vertus de ces eaux, qui sont sans rivales comme eaux de table, et par leur bienfaisance et par leur agréable saveur. Elles ont, en outre, sur les eaux de la Métropole, le plus grand avantage de :
1° Coûter meilleur marché.
2° D'être toujours livrées, fraîchement tirées, à la consommation.
3° De n'avoir pas subi de longs transports.
BEN-HAROUN
PROPRIÉTÉ ET CONTROLE DE L'ÉTAT
ANTIÉPIDEMIQUES et indispensables dans les pays chauds, elles combattent avec succès :
CACHEXIES PALUSTRES, DYSPEPSIES et les affections du FOIE, de la RATE et des REINS
Elles sont recommandées contre LES DYSENTERIES et surtout contre les DIARRHÉES INFANTILES
La présence du fer et leur richesse en gaz carbonique, rendent les Eaux de BEN-HAROUN précieuses contre l'Anémie. En un mot, très agréables à boire, elles figurent sur toutes les tables des gens soucieux du maintien ou de l'amélioration de leur santé. — DÉPOT PARTOUT.
Adresser toutes correspondances à M. L. LACOMBE, Concessionnaire de l'Etat
PLATEAU-SAULIÈRE. — MUSTAPHA-ALGER

# DESCRIPTION

## DE LA

# PROVINCE D'ORAN

## ET DE SES

# *VILLES PRINCIPALES*

# PROVINCE D'ORAN

La Province d'Oran est limitée à l'Ouest par le Maroc, et à l'Est par la Province d'Alger. Les limites traversent le massif du Dakra, en passant par le Chéliff, et traversent de nouveau le massif de l'Ouarsenis. Sa population est de 1.028.248 habitants ; sa superficie est de 105.000 kilom. carrés. Elle est divisée en 5 arrondissements : Oran, Mascara, Mostaganem, Sidi-bel-Abbès et Tlemcen ; elle comprend 105 communes.

## PRINCIPALES VILLES
### DE LA PROVINCE D'ORAN

**Aïn-el-Turk,** situé au bord de la mer, au fond de la baie du cap Falcon, à 16 kilom. d'Oran, et a été créé par arrêté du 11 août 1850. On s'y occupe de céréales et d'élevage du bétail.

**Aïn-Temouchent,** ancienne *Timici* des Romains, était le lieu d'un marché que les Arabes tenaient tous les jeudis, lequel a été maintenu. La culture des céréales est celle à laquelle les habitants s'adonnent plus spécialement.

**Arzew** *(Le Port)*, est situé par 2° 37' de longitude O et 35° 5' de latitude N, sur la côte septentrionale de l'Afrique, à 10 lieues marines Est d'Oran et à 7 lieues de Mostaganem, par la même voie. La baie d'Arzew offre un excellent mouillage en toute saison.

**Mascara** *(Chareb el rib,* la Lèvre des Vents), a 385 mètres d'altitude, est située par 2° 20' de long. O et 35° 26' de lat. N ; sa population est de 22.203 habitants. Le pays est riche en vignobles et renommé par ses vins blancs.

Comme monuments à citer : l'Eglise catholique, construite dans une vieille mosquée ; la mosquée musulmane ; la mosquée dans laquelle Ab lelkader prêcha la Guerre Sainte ; l'Hôtel-de-Ville.

**Mers-el-Kebir,** à 8 kilom. O. d'Oran, est un centre maritime et commercial d'une grande activité. Mers-el-Kebir est l'emplacement d'une forteresse bâtie par les Romains. Les rois de Tlemcen, vers le xvıᵉ siècle y firent bâtir une petite ville. En 1505, Mers-el-Kebir fut pris par Don Diego de Cordoue. Les Maures s'y défendirent vigoureusement avec un canon de fer qui creva ; ils capitulèrent alors et évacuèrent la position. Hassan Pacha, fils de Barberousse, l'attaqua vainement. Le 13 décembre 1830, il fut définitivement occupé par les troupes françaises.

**Mostaganem** est située à 1 kilom. de la mer ; son altitude est de 85 mètres. Elle est assise sur une falaise arrosée par l'Aïn-Sefra, qui la sépare en deux parties.

Au xvıᵉ siècle elle fut une des plus importantes cités de l'Afrique septentrionale ; son commerce était conséquent, mais elle fut ruinée par les invasions arabes et ce n'est que depuis la conquête française qu'elle prospère.

**Oran** (ville) est située par 2° 58' de long. O et 35° 42' de lat. N, sur la côte septentrionale de l'Afrique, à 410 kilom. d'Alger et 990 de Marseille.

Oran formait, avec Mers-el-Kebir, ce que les Romains

appelaient le *Portus Magnus*. C'est actuellement une jolie ville bâtie à la française, après le tremblement de terre de 1790 ; sa population est composée en majeure partie d'Espa_gnols. Le nouveau port est très mouvementé.

Oran possède une préfecture, un évêché ; c'est le siège d'un tribunal de 1<sup>re</sup> instance, d'un tribunal et d'une chambre de Commerce.

Ce fut le 4 janvier 1841 que notre armée entra dans Oran et en prit possession.

**Sidi-bel-Abbès** (*L'homme au visage austère*), 26.887 habitants, est une ville récemment construite et placée au centre d'une vaste plaine que traversent la Mekerra (le Sig, ainsi nommé à cet endroit) et l'Oued Sarno.

**Tlemcen,** surnommée la *Grenade Africaine*, jolie ville de 34.866 habitants, placée au milieu d'un fouillis de verdure.

Son commerce comprend principalement les grains, huiles, laines, soies. Les indigènes y fabriquent des babouches, de la poterie et des étoffes algériennes.

A visiter : les ruines fort intéressantes de Mansourah et la mosquée de Sidi-Bou-Médine.

# ADRESSES

# DES PRINCIPALES ADMINISTRATIONS

## CIVILES ET MILITAIRES

### VILLE D'ORAN

Banque de l'Algérie, boulevard Malakoff, 22.
Bibliothèque, Mairie, place d'Armes.
Bureau de Bienfaisance, Mairie, place d'Armes.
Bureau des Domaines, rue de Turin.
    — des actes civils, rue Bassano.
    — des actes judiciaires, rue de Mostaganem.
    — des hypothèques, rue Sainte-Irénée.
Chambre de Commerce, place de la République.
Chemins de fer P.-L.-M. (exploitation), boulevard du Lycée.
Chemins de fer O.-A. (direction), rue d'Arzew, 37.
Chemins de fer de la Cie Franco-Algérienne, boulevard National.
Collège communal, plateau Saint-Michel.
Collège de filles, boulevard d'Iéna.
Commissaires de police : 1er arrondissement, rue de l'Eglise.
    — 2e — rue Saint-Félix.
    — 3e — rue d'Arzew.
    — 4e — boulevard de Mascara
Compagnie Algérienne, boulevard Malakoff, 20.
    — Générale Transatlantique, place de la République.
    — Havraise Péninsulaire, place Kléber.
    — Navigation mixte (Touache), place Kléber.
Conseil Général, boulevard Malakoff (Préfecture).
Consistoire protestant, rue de la Révolution.
Contributions directes, rue des Casernes, 46.
Contributions diverses, place de la République, 1.
Contrôle de la Garantie, rue Sainte-Irénée.
Crédit foncier et agricole de l'Algérie, rue de Turin, 9.
Crédit Lyonnais, place de la République.
Domaines, Enregistrement, Timbre (Direction), rue de Turin, 5.
Douanes, à la Marine, sur le quai.
Evêché, boulevards du 2e Zouaves et Magenta.
Grand Séminaire, rue d'Arzew (extra-muros).
Hôpital civil, boulevard Sébastopol.
Instruction publique, inspection, rue d'Arzew.
Justice de Paix, Mairie, place d'Armes.

Lycée, boulevard du Lycée.
Mairie, place d'Armes.
Mines, boulevard Oudinot.
Police municipale (direction), Mairie, place d'Armes.
Poids et Mesures, place de l'Evêché.
Ponts et Chaussées, place des Quinconces
Postes et Télégraphes, bureau central, boulevard Malakoff.
       —        Karguentah, boulevard du 2e Zouaves.
Préfecture, place Kléber, entrée boulevard Oudinot.
Préfecture (bureaux), boulevard Malakoff.
Recette municipale, boulevard Fulton.
Service des Forêts, rue de Lourmel.
     —    de la Topographie, rue des Casernes.
Société de Transports Maritimes à vapeur, rue Haute-d'Orléans, 3.
Théâtre, rue de Turin.
Trésor, rue Jaubert.
Tribunal de 1re instance, place du Square.
Tribunal de Commerce, place de la République.
Voirie départementale, Préfecture.

## Adresses militaires

Artillerie, au Château-Neuf.
Bureau arabe divisionnaire, rue de Vienne.
Campement, rue de l'Hôpital.
Commissariat de la Marine, quai Sainte-Marie.
Direction du Port et de la Santé, à Mers-el-Kebir.
Etat-Major général, au Château-Neuf.
     —    de la place, place d'Armes.
Gendarmerie St-Antoine, rue de Mascara.
Génie, au Château-Neuf.
Hôpital militaire, rue de l'Eglise.
Intendance militaire, rue du Vieux-Château.
Service des Lits militaires, à la Mosquée, rue de Tivoli.
Subdivision d'Oran, rue de Wagram.
Subsistances militaires, rue Sainte-Marie.

# TUNISIE

La Tunisie est située vers le milieu de la région septentrionale de l'Afrique ; elle est bornée au Nord et à l'Est par la Méditerranée, au Sud par la Tripolitaine, et à l'Ouest par l'Algérie.

Elle peut être comprise en quatre régions . Le *Sahel*, le *Tell*, les *Steppes* et le *Djérid*.

La Tunisie est riche en minerais, entre autres, des minerais de plomb, de fer, de cuivre, de mercure et même d'argent.

Sa capitale est Tunis.

Ce fut le 12 mai 1881 que la Tunisie fut placée sous le protectorat de la France. Sa population est d'environ 2.125.000 habitants et sa superficie de 116.348 kil. carrés

## RÉGENCE DE TUNIS

S. A. Sidi Ali, Bey de Tunis, né en 1817, monté sur le trône le 28 octobre 1882.

Sidi Mohamed Taïeb, bey, héritier présomptif, à la Marsa.

### Maison de S. A. le Bey

Le Général de Division Si Haïdar, garde des Sceaux.

Le Général de Division, Valensi, O. ✳, 1er interprète de S A. le Bey, attaché au Ministère des affaires étrangères, introducteur auprès de S. A. le Bey.

Le Général de Brigade, Azouz ben Aïssa, 1er aide de camp, commandant de la Garde Beylicale.

### Chancellerie du Nicham-Iftikar
#### à Dar-el-Bey, Tunis

Le Général de Division Valensi (G.), O. ✳, chargé du service de la Chancellerie.

Eugène Valensi, attaché à la Chancellerie.

## RÉSIDENT GÉNÉRAL

M. Millet (René-Philippe), O. ✳, O. ◉, Résident Général de la République Française, Ministre des affaires étrangères, Président du Conseil des Ministres et Chef de service.

---

La Tunisie est divisée en Contrôles Civils et Cercles Militaires, qui sont :

1º Contrôle civil de Tunis.

| | | | | |
|---|---|---|---|---|
| 2º | — | — | Grombalia . .. | à 37 kil. de Tunis. |
| 3º | — | — | Sousse........ | à 140 k. au s<sup>d</sup> de Tunis. |
| 4º | — | — | Sfax.......... | à 268 kil. de Tunis. |
| 5º | — | — | Kairouan...... | à 167 kil. de Tunis. |
| 6º | — | — | Maktar.... .... | |
| 7º | — | — | Kef... .. ... | à 174 kil. de Tunis. |
| 8º | — | — | Souk-el-Arba.. | à 155 kil. de Tunis. |
| 9º | — | — | Béja....... | . à 110 kil. de Tunis. |
| 10º | — | — | Bizerte.... ... | à 64 kil. de Tunis. |
| 11º | — | — | Thala........ | à 264 kil. de Tunis. |
| 12º | — | — | Gafsa........ | à 380 kil. de Tunis. |
| 13º | — | — | Gabès... ..... | à 407 kil. de Tunis. |
| | Cercle Militaire de Medenine... ..| | | à 82 kil. de Gabès. |
| | — | — | Kebili........ | à 117 kil de Gabès. |

---

## TUNIS

Capitale de la Régence, est le siège du Gouvernement ; elle est située par 30º 50' de latitude Nord et 7º 52' longitude Est. La ville est bâtie au pied et sur le penchant d'une colline ; elle est entourée de fortifications ; à l'horizon se dessinent les montagnes escarpées de Hammam-el-Caf et du R'sas.

Les environs de Tunis sont remarquables et dignes d'être visités ; de nombreuses curiosités importantes s'y trouvent, entre autres : *Le Bardo*, ancienne résidence des beys de Tunis où l'on peut voir : l'escalier de marbre dit des Lions, la Salle du Trône, la collection des portraits des beys et princes de Tunis, la splendide mosaïque représentant le cortège de Neptune.

Plus loin, l'on peut aller visiter les ruines de Carthage, ainsi que la chapelle de Saint-Louis, située sur la colline de Byrsa où le Cardinal Lavigerie a établi un Séminaire.

# TUNIS

*Adresses des Principales Administrations*

Administration Générale. — Bureaux à Dar-el-Bey.

Agriculture et Commerce. — Direction, rue d'Angleterre.

Alliance française, société savante et artistique, avenue de Paris.

Armée. — Quartier Général, rue du Château.

Banque de Tunisie, rue Es-Sadikia.

Campement. — Bureaux à Dar-el-Bey.

Chancellerie, à Dar-el-Bey.

Commissariat de la Sûreté, rue d'Italie.

Commissariat de Police :

      1er arrondissement : rue d'Espagne.

      2e         —         rue Halfaouine, 90.

      3e         —         Palais Kérédine.

      4e         —         avenue Bab Djedid (rue de l'Ecole).

Conservation de la Propriété foncière, rue de Sparte, 2.

Contributions diverses, place du Consulat.

Culte Anglican, Eglise Saint-Augustin, rue d'Espagne, 17.

Culte Protestant, Eglise réformée française, rue d'Italie.

Direction des Antiquités et des Arts, rue des Selliers, 66.

Domaines, rue d'Athènes.

Douanes. — Direction : rue de Hollande, 12.

Eau et Gaz, rue Es Sadikia.

Finances (Direction), à Dar-el-Bey.

Lycée Carnot, rue Saint-Charles.
Paix Publique. — Direction : à Dar-el-Bey.
Palais archiépiscopal, à la Marsa.
Police et Navigation des Pêches. — Bureaux : Au Port de Tunis.
Postes et Télégraphes. — Direction : rue d'Italie.
Recette Générale, place de l'Alliance Israélite.
Résidence Générale, place de la Résidence, avenue de la Marine.
Rite Grec Orthodoxe, rue de la Verrerie, 14.
Service Topographique, rue d'Espagne, 20.
Société Foncière, Es-Sadikia, 3.
Sûreté Publique. — Direction à Dar-el-Bey.
Travaux de la Ville. - Direction : rue Es-Sadikia.
Travaux Publics, place de la Kasbah.

# NE VOYAGEZ JAMAIS

## SANS LE

# VADE-MECUM ALGÉRIEN

## INDICATEUR EXACT

### DES

# CHEMINS DE FER

### ET

# COMPAGNIES DE NAVIGATION

## Veuve Raoul MIAUX, Éditeur

1, Rue Bab-el-Oued, 1

## ALGER

# EN VENTE DANS TOUS LES KIOSQUES

et chez les Libraires

# COMITÉ D'HIVERNAGE
## ALGÉRIEN

PLACÉ SOUS LE HAUT PATRONAGE DE

**M. le Gouverneur Général de l'Algérie,**

**M. le Général Commandant en Chef le XIX<sup>e</sup> Corps d'armée,**

**M. l'Amiral Commandant la Marine en Algérie.**

ET SOUS LA PRÉSIDENCE D'HONNEUR DE

**M. le Préfet d'Alger,**

**M. le Président du Conseil Général d'Alger,**

**MM. les Maires d'Alger et de Mustapha.**

---

Le Comité d'Hivernage Algérien, fondé dans le but de faciliter et agrémenter aux hiverneurs et aux touristes leur séjour à Alger et en Algérie, met GRATUITEMENT à leur disposition toutes les indications qui peuvent leur être utiles sur les logements, les hôtels, les restaurants, les fournisseurs, les services de voitures, les excursions, les curiosités du pays, etc., etc.

MM. les Étrangers ont le plus grand intérêt à s'adresser, dès leur arrivée à Alger, au *Bureau de renseignements gratuits du Comité*, situé, 1, rue Combe et 2, Galerie Duchassaing, près la Place du Gouvernement, est ouvert tous les jours, de 8 heures à 11 heures du matin et de 2 heures à 6 heures du soir, et le dimanche le matin seulement.

Un registre sur lequel MM. les voyageurs sont instamment priés de consigner leurs observations, leurs réclamations et leurs desiderata est déposé au Bureau du Comité.

En outre, il est répondu, par retour du courrier, à toute demande de renseignements accompagnée d'un timbre pour la réponse.

---

Salon de lecture et de correspondance.— Exposition permanente d'œuvres d'art.— Fêtes nombreuses organisées pendant toute la durée de la saison hivernale par les soins du Comité d'Hivernage.

# LE PETIT ATHÉNÉE

## Société d'Instruction et de Vulgarisation Littéraire, Artistique, Scientifique et Sociale

*Président :* M. Jules ROUANET, Publiciste.
*Vice-Présidents :* MM. le Docteur PASCAL, ✪, et le Baron de CHÉON.
*Secrétaire Général:* M. Harold TARRY, C. ✽, ancien élève de l'Ecole Polytechnique, Inspecteur des Finances en retraite.
*Secrétaire-adjoint :* M. Pierre MÉRIGON.
*Trésorier :* M. NEILSON, Chef de la Comptabilité de la Chambre de Commerce.
*Administrateurs :* MM. Francisque REYNARD, ✪, ancien sous-préfet ; LAQUIÈRE, O. ✽, ancien élève de l'Ecole Polytechnique, Ingénieur ; Albert BLAISE.

*Le Petit Athénée* possède, 28, rue de la Liberté : une *Salle de Lecture* où se trouvent une collection très importante de journaux et revues de France et de l'Etranger et une *Bibliothèque* dont les livres peuvent être prêtés aux Sociétaires ; une *Salle de Conférences* où sont données des soirées littéraires, artistiques et scientifiques, fréquentées par la meilleure société d'Alger et de Mustapha.

Un orchestre et des chœurs donnent des auditions très suivies de musique ancienne et moderne. Des expositions de peinture, des concours d'art, des excursions scientifiques sont organisées par les sections et complètent un groupement intellectuel unique en Algérie.

*Le Petit Athénée* publie une *Chronique* bi-mensuelle où sont reproduites les conférences de la quinzaine et où sont insérées les œuvres des sociétaires à qui elle est envoyée gratuitement.

On est admis membre du *Petit Athénée* après demande adressée au Conseil d'Administration, contresignée par deux membres déjà inscrits, et moyennant un droit d'entrée de 5 francs et une cotisation mensuelle de 1 franc.

*Siège Social :* 12, Boulevard Carnot.

*Salle de Lecture et de Conférences :* 28, Rue de la Liberté.

# TABLE DES MATIÈRES


Au Lecteur............. .. ....... ...........    2
Description d'Alger et ses Environs...............    5
Promenades et Excursions......................    12
Concerts, Théâtre et Spectacles..................    29
Adresses des Principales Administrations d'Alger...    31
Adresses Militaires.. ...........................    34
Justice............................................    34
Cultes.............................................    35
Nomenclature des rues d'Alger, avec tenants et
    aboutissants................................    38
Nomenclature des rues de Mustapha.............    55
    »        »      Saint-Eugène.......... ..    63
Journaux paraissant à Alger... .................    66
Consuls et Agents consulaires....................    67
Banques...........................................    68
Services de la Police ... .......................    71
Service des Postes et Télégraphes................    73
    »    Colis Postaux ...................    76
Services Postaux entre la France l'Algérie et la Tunisie.    77
Services de la Société des Tramways Algériens.....    80
    »   de la Société des Tramways de St-Eugène.    81
Services des Messageries de Belcourt.............    81
Services des Voitures publiques desservant les envi-
    rons d'Alger .............................. .....    82
Tarif des Voitures Publiques.....................    85
    »  des Bateliers.......................... ...    85
    »  des Portefaix ..........................    85
*Compagnies Maritimes :*
Compagnie Générale Transatlantique............ ....    88
    .»    de Navigation Mixte ............... ...    89
    »    E. Caillol et H. Saintpierre... ........    90
    »    des Bateaux à vapeur du Nord........ .    91
Société Générale de Transports Maritimes à vapeur.    92
Compagnie française de Navigation à vapeur.. ...    93
Transports Maritimes Côtiers Algériens............    94
Lignes Côtières Algériennes de Bateaux à vapeur ..    95
Compagnie Havraise Péninsulaire .................    96
    »    Papayanni ......................    96
Services Côtiers à vapeur........................    96
*Horaires des Chemins de fer :*
Ligne d'Alger à Oran............. ............    98 99

Ligne d'Oran à Alger ................................ 100-101
—  de Philippeville à Constantine et vice-versa... 102
—  d'Alger à Constantine ........................... 103
—  de Constantine à Alger .......................... 104
—  de Ménerville à Tizi-Ouzou et vice-versa ....... 105
—  de Constantine à Biskra et vice-versa .......... 106
—  de Beni-Mançour à Bougie et vice-versa ......... 107
—  des Ouled-Rhamoun à Aïn-Beïda et vice-versa .... 108
—  de Saint-Eugène à Rovigo et vice versa ......... 109
—  d'Alger à Koléa et vice-versa .................. 110
—  de Dellys à Boghni et vice-versa ............... 112
—  d'El-Affroun à Marengo et vice-versa ........... 113
—  de Blida à Berrouaghia et vice-versa ........... 114
—  de Sainte Barbe du Tlélat à Tlemcen ............ 115
—  de Tlemcen à Sainte-Barbe du Tlélat ............ 116
—  de Tabia à Raz-el-Ma-Crampel et v ce-versa ..... 117
—  d'Oran à Aïn-Temouchent et vice-versa .......... 118
—  de Mostaganem à Tiaret et vice-versa ........... 119
—  d'Arzew à Saïda et Tizi à Mascara .............. 120
—  de Saïda à Arzew et Mascara à Tizi ............. 121
—  de Bône à Tunis ................................ 122
—  de Tunis à Bône ................................ 123
—  de Bône à Kroubs et vice-versa ................. 124
—  de Souk-Arhas à Tébessa et vice-versa .......... 125
—  de Tunis à Sousse et vice-versa ................ 126
—  de Tunis à Bize te et vice-versa ............... 127
—  de Tunis - Le Bardo - Tunis .................... 127
—  de Tunis à Zaghonan et vice-versa .............. 128
—  de Tunis au Haut-Mornag, Crétéville ............ 128
—  du Haut-Mornag, Crétévil e à Tunis ............. 129
—  de Sousse à Kairouan et vice-versa ............. 129
—  de Sousse à Moknine et vice-versa .............. 130
—  de Tunis au Pont-du-Fahs et vice-versa ......... 130
Embranchement de Menzel-Bou-Zalfa ................. 131
—  de Nabeul .................................... 131-132
Ligne de Bône à Mokta-el-Hadid et vice-versa ..... 132
Description de la Province de Constantine ......... 134
Principales villes de la Province de Constantine... 135
Adresses des Princip^les Administrations de Constantine  141
Descrip^on de la Prov^ce d'Oran et de ses principales villes. 144
Adresses des Principales Administrations d'Oran.... 147
Description de la Tunisie ......................... 152
—  de Tunis ....................................... 153
Adresses des Principales Administrations de Tunis .. 154

# GRAND DÉPOT

## JULES PIAT

ALGER. — 55, Rue d'Isly, 55, — ALGER

REPRÉSENTANT DE L'ORFÈVRERIE CHRISTOFLE

PORCELAINES, FAÏENCES, CRISTAUX, VERRERIES

Articles de Cuisine en Cuivre, Fer Battu et Emaillé

ENVOI FRANCO DU CATALOGUE

# L. ALCIATORE

## MARCHAND-TAILLEUR

### 1, RUE DU SOUDAN, 1

*(Près la Place du Gouvernement)*

ALGER

---

## COMPLETS SUR MESURE

## DEPUIS 55 FRANCS

---

## COUPE & FAÇON IRRÉPROCHABLES

# A L'ALGÉRIENNE NOUVELLE

Déménagements pour tous pays

## Garde-Meubles Public & Salle de Ventes libre

# Madame VERNET

## 2, RUE HENRI-MARTIN, 2

### ALGER

# INSTITUT PIERRE

DOUCHES **BAINS** MASSAGE

## PÉDICURE, MANICURE

### INSTITUT MÉDICAL DES AGENTS PHYSIQUES

**1, Rue Michelet, 1**

(EN FACE LE PARC D'ISLY) AGHA - ALGER

## APPLICATIONS MÉTHODIQUES

à la Thérapeutique et à l'Hygiène des différentes formes de l'énergie :

CHALEUR

MOUVEMENT

ÉLECTRICITÉ

LUMIÈRE

# L'INSTITUT MÉDICAL DES AGENTS PHYSIQUES

### comprend :

### POUR LA CHALEUR

1° Les *Douches* chaudes, froides, écossaises, ascendantes ;

2° Des Appareils de Sudation, les *bains de vapeur*, les *bains maures* ;

3° Une Salle de Massage sous l'eau chaude (Douches d'Aix) ;

4° Les *Bains simples, sulfureux*, avec *d'habiles Pédicures*.

### POUR L'ÉLECTRICITÉ

1° Les *Bains* et les *Douches électro-statiques ;*

2° Les inhalations d'ozone, les bains hydroélectriques ;

3° Les Courants Galvaniques et Faradiques, la haute Fréquence.

### POUR LE MOUVEMENT

1° Deux Salles d'Armes, avec professeurs de Paris, et deux Grands Halls de Gymnastique française et Pédagogique Suédoise ;

2° Un Salon d'Appareils Médicaux pour l'Orthopédie et les Mouvements gradués ;

3° Trois Salons de Gymnastique médicale suédoise et de Mécanothérapie ;

4° Deux Salons réservés au massage manuel et au massage vibratoire électrique.

## PIERRE

### LAURÉAT DES UNIVERSITÉS DE PARIS & DE STOCKHOLM

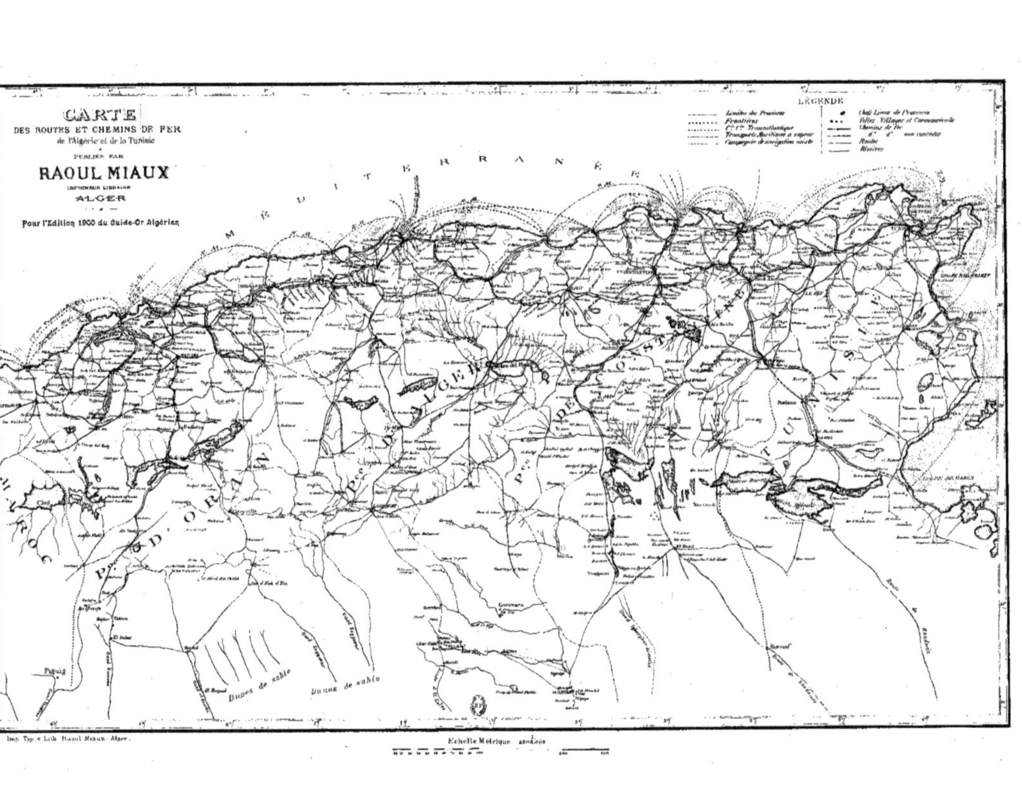
CARTE
DES ROUTES ET CHEMINS DE FER
de l'Algérie et de la Tunisie
PUBLIÉE PAR
RAOUL MIAUX
IMPRIMEUR LIBRAIRE
ALGER
Pour l'Édition 1900 du Guide-Or Algérien
LÉGENDE
Limites des Provinces
Frontières
C.ie G.ie Transatlantique
Transports Maritimes à vapeur
Compagnie de navigation mixte
Oued Limite de Provinces
Villes, Villages et Caravansérails
Chemins de Fer
Routes
Rivières
MÉDITERRANÉE
MAROC
P.ce D'ORAN
P.ce D'ALGER
P.ce DE CONSTANTINE
TUNISIE
Dunes de sable
Dunes de sable
Figuig
Imp. Typ. & Lith. Raoul Miaux - Alger.
Échelle Métrique

# DAVELUY

## BRASSERIE-RESTAURANT TERMINUS

*Boulevard Carnot & Rue Garibaldi, 2*

Vastes Terrasses avec Vue sur la Mer et le Square de la République

## BIÈRE BRUNE — BIÈRE BLONDE

DÉJEUNERS ET DINERS — CERCLE COMMERCIAL